U0339380

爱因斯坦的宇宙

〔美〕加来道雄 著 徐 彬 译

湖南科学技术出版社

目录

前言　重新审视爱因斯坦的遗产

天才。心不在焉的教授。相对论之父。蚀刻在我们心目中的阿尔伯特·爱因斯坦的形象，总是一头爆炸的头发，不穿袜子，上身是特大号的毛衣，嘴里叼个烟斗，对周围世界好像并不注意。传记作家丹尼斯·布莱恩曾这样描述他："与埃尔维斯·普雷斯利和玛丽莲·梦露齐名的流行偶像。他那神秘莫测的形象经常出现在明信片、杂志封面、T恤衫和比真人还要大的招贴画上。好莱坞有个经纪行专门经营他的形象图片，供电视广告使用。他要是见了这些可能都会生气。"[1]

爱因斯坦是有史以来最伟大的科学家之一，其贡献堪与艾萨克·牛顿比肩。因此，《时代》周刊选他作世纪人物毫不奇怪。许多历史学家将他列入过去的千年里一百位最有影响力的人物之一。

考虑到爱因斯坦在历史上的地位，有多个原因值得我们重新审视他的一生。首先，他的理论极为深刻，其在几十年前作出的预言至今仍占据着报纸头条的位置，因此我们极有必要尝试去理解这些理论的本源。随着新一代仪器的出现（其中包括卫星、激光、纳米技术、超级计算机、引力波探测器等），这些在1920年都是不可想象的，人们可以探索宇宙外围以及原子内部，爱因斯坦当年的预言不断为科学家赢得诺贝尔奖。即便是爱因斯坦餐桌上的面包渣都会为科学开辟新的前景。例如，1993年的诺贝尔奖就授予了两位证实引力波存在的物理学家。而引力波是爱因斯坦在1916年分析双中子星运动时所预言的。2001年的诺贝尔物理学奖则由三位物理学家共享，他们证实了玻色-爱因斯坦凝聚的存在。这种物质在接近绝对零度时的新的状态是爱因斯坦在1924年预见到的。

他的其他预言现在也正被一一证实。黑洞曾被看作爱因斯坦的理论所推出的一个奇怪的东西，而现在哈勃太空望远镜和甚大阵射电望远镜都已找到了黑洞。爱因斯坦环和爱因斯坦透镜现在不仅已经被发现，而且业已成为天文学家观测外太空不可见对象的关键工具。

即使是爱因斯坦的"错误"现在都被认为是对宇宙认识的意义深远的贡献。2001年，天文学家找到了令人信服的证据，证明"宇宙常数"这个一度被看作爱因斯坦最大的失误，实际上包含宇宙中最大的能量，而且它将决定宇宙最终的命运。因此，从实验的角度来看，随着越来越多的证明累积起来，验证了他当年的预言，对于爱因斯坦的遗产的认识问题，出现了"复兴"。第二，物理学家正重新评价爱因斯坦的遗产，尤其是他的思维过程的价值。近年来，为他作传的传记作家不厌其详地研究了他的私人生活，以寻求其理论的本源。但是物理学家却越来越清醒地认识到，爱因斯坦的理论与其说是建立在神秘的数学之上，（更不要说他的爱情生活了！）倒不如说更多的是建立在简单而优雅的物理图景之上。爱因斯坦经常评论说，某个新的理论，若不是建立在连儿童都能理解的物理图景之上，那么它极有可能毫无价值。

因此，本书就以这些图景，即爱因斯坦的科学想象力所带来的成果为主线，并围绕这些图景描述其思维的过程和最伟大的成就。

第一部叙述的是爱因斯坦第一次在 16 岁时所想到的图景：如果追随一束光运动，光会是什么样子。另外，这幅图景很可能是受到他小时候读的儿童书籍的启发产生的。通过想象和光束赛跑可能发生的情形，爱因斯坦将当时最伟大的两个理论——即牛顿力学和麦克斯韦的理论——的矛盾之处找了出来。通过思考解决这一对矛盾，他知道这两者之中必有一方是错误的。事实证明牛顿学说出了问题。从某种意义上说，整个狭义相对论（这一理论后来揭示了恒星和核能的奥秘）就蕴含在这一图景中。

在第二部，我们领略的是另一幅图景：爱因斯坦想象，行星就像是玻璃弹球，沿着以太阳为中心的弯曲的平面滚动。引力是时空弯曲造成。通过将牛顿所说的万有引力替换成平滑表面的曲率，爱因斯坦使我们对引力有了全新的、革命性的认识。在这一新的思维框架中，牛顿所说的"万有引力"其实是空间弯曲所造成的假象。这一简单的图景所带来的结果，包括黑洞、大爆炸以及宇宙最终的命运。

第三部没有相应的图景。这一部分其实叙述的是爱因斯坦在探索统一场论中，由于缺乏图景的指引所遭受的挫折。假如有了这样的图景，爱因斯坦也许能够找到正确的路，摘取人类 2000 年来在探寻物质和能量的法则中的最高荣誉。到了这个阶段，爱因斯坦的直觉帮不上多少忙了，因为当时对于原子核和亚原子粒子的力，人们几乎一无所知。

未完成的统一场论，和他生命中最后 30 年对"万物至理"的探索绝不是一个失败——虽然这一点只是最近才为世人所认识。当年他的同时代人把这看作愚蠢的行为。比如，物理学家兼爱因斯坦的传记作家亚伯拉罕·派斯就抱怨说："在他生命的后 30 年中，他一直勤于研究。但是假如他放下工作，钓鱼去也，其声名，即使不会比现在更高，至少也不会丝毫受损。"[2] 换言之，如果他在 1925 年就离开物理学，而不是 1955 年，他所留下的遗产可能更伟大。

不过，最近 10 年来，随着"超弦理论"、"M 理论"的提出，物理学家开始重新评价爱因斯坦后期的研究工作及其遗产。全世界物理学的研究中心，又回到了统一场论之上。万物至理的研究，成了新一代有抱负的科学家的最高目标。曾几何时，统一场论被视作老迈的物理学家学术生涯的坟墓，现在，它已然是理论物理学压倒一切的主题。

我希望通过本书提供一个关于爱因斯坦的开创性工作的全新的视角。从简单的物理学图景出发审视他的恒久遗产，有可能会得到更为精确的图像。他的远见卓识为当前在外太空和高级物理实验室里正在进行的变革性的实验提供了养分，同时也在促使当代人加紧研究，实现他生前痴痴追寻的梦想：万物至理。我觉得，从这一角度来解读他的生活和工作，应该是他最喜欢的。

致　　谢

　　在此，我要感谢普林斯顿大学图书馆的同仁的热情支持，为写作本书所作的一部分研究即是在那里完成的。该图书馆收藏有爱因斯坦所有的手稿和原始材料。另外要感谢纽约城市大学的 V. P. 内尔和丹尼尔·格林博格教授。他们通读了书稿，并提出了有益而中肯的建议。此外，与弗莱德·杰罗姆的谈话也对本书成形颇有助益。此君握有卷帙浩繁的爱因斯坦的FBI 档案。埃德温·巴博对鄙人鼎力支持，亦多鼓励，在此一并致谢。耶西·科恩编辑本书时多有增益，使书稿增色不少。多年来，我的科学书籍一直由斯图亚特·克里切夫斯基代理，深情厚谊，十足感念。

第一部　第一幅图景　与光速赛跑

第 1 章　爱因斯坦之前的物理学

一位记者曾经问过阿尔伯特·爱因斯坦这位自艾萨克·牛顿之后最伟大的科学天才，请他说一下自己的成功公式。这位伟大的思想者想了一下，回答道："假设 A 是成功，那么成功的公式就是 $A = X + Y + Z$，其中 X 是工作，Y 是游乐。"

记者问：那 Z 代表什么呢？

"少说话，"爱因斯坦答道。[1]

物理学家、王公贵族以及公众，觉得爱因斯坦最令人亲近之处是不论他在为世界和平呐喊还是在探索宇宙奥秘的时候，所表现出来的博爱、无私和睿智。

连孩童都喜欢凑到一起，去看普林斯顿大街上的这位物理学泰斗，而他则会摇动一下耳朵，算是对他们的好奇心的回报。爱因斯坦尤其喜欢和一个五岁的小男孩交谈。这个小男孩喜欢陪他一路走到普林斯顿研究所。一天，他们散步的时候爱因斯坦突然放声大笑。小男孩的妈妈问他跟爱因斯坦都说了些什么，小孩回答说："我问爱因斯坦今天去厕所了吗。"孩子的妈妈很惶恐，但是爱因斯坦回答说："有人问了我一个我能答得上来的问题，我很高兴。"

物理学家杰里米·伯恩斯坦（Jeremy Bernstein）曾说："任何亲自和爱因斯坦接触过的人都会被他的

崇高品格所打动。人们反复说他是多么多么的善良、博爱……这些都是他的人格里让我们亲近的地方。"[2]

不论是对乞丐、孩童，还是王室贵族，爱因斯坦都一样的慷慨与和善，而且对科学殿堂里的前辈，他也十分谦恭。科学家，和其他的富有创造力的个人一样，有可能非常嫉妒同行的才能，从而生发出许多鸡毛蒜皮的公案。但爱因斯坦从不讳忌谈论自己的思想是源自哪位物理学先贤，这其中包括艾萨克·牛顿、詹姆斯·克拉克·麦克斯韦（James Clerk Maxwell）等。他把他们的肖像摆在自己书桌和墙上的显著位置。牛顿力学和麦克斯韦的电磁学构成了 19 和 20 世纪之交科学的两大支柱。最令人瞩目的是，几乎所有的物理学知识，都蕴含在这两大成就之中。

人们很容易忽略这一事实，即在牛顿之前，对于地球以及空间的物体为何会动，一直无人能解释。许多人相信人类的命运是精灵和魔鬼控制的。魔法、巫术、迷信等在欧洲最有学问的地方都是热门话题。我们现在心目中的这种科学那时尚不存在。

尤其是，在希腊哲学家和基督教神学家的作品里，他们将物体的运动归结为它们具有和人类一样的欲望和情感。亚里士多德的信徒则认为，运动物体之所以会停下来，是因为它们会"累"。他们还写道，物体之所以会掉到地面，是因为它们"渴望"和地面会合到一起。

而将秩序引进了这个神灵控制的混沌世界的人，从某种意义上说，和爱因斯坦的性格脾性是截然相反的。爱因斯坦从不吝惜时间，面对媒体记者也总是妙语连珠。牛顿则不同，他非常不合群，而且有偏执狂的倾向。他对别人总是充满怀疑，为了地位等问题总是和其他的科学家存有芥蒂。他的沉默寡言是出了名的。1689～1690年，他是英国议会的议员。他唯一一次面对全体议员说话是有一次他手中的稿子掉到了地上，他请引座员把窗户关上。据传记作家理查德·威斯特法（Richard S. Westfall）记述，牛顿是一个"苦闷的人，特别的神经质，甚至到了崩溃的边缘，尤其是中年阶段"。[3]

不过论及科学，牛顿和爱因斯坦都是真正的大师，他们之间有许多相似之处。两个人都能连续几个星期甚至几个月沉浸在深度的思索中，直到身体快吃不消。两个人都能将宇宙的奥秘以简单的图形的方式加以想象思考。

1666年，牛顿23岁，他彻底驱逐了困扰亚里士多德学派的精灵，引入了一整套力学机制。牛顿提出了力学三定律，指出物体之所以移动，是因为受到了力，而且这些力可以测量，并能以简单的公式表达出来。牛顿不再把物体的运动看作是它们的欲望驱使的，而是能够计算出每一种物体的运动轨迹，从落叶，到腾空飞起的火箭、炮弹以及云朵等，办法是将其受力计算清楚。这不仅是一个纯学术的问题。它奠定了工业革命的基础，蒸汽机牵引着巨大的火车头和轮船，创造了新的帝国。现在人们可以充满自信地建造桥梁、大坝、摩天大楼等，因为我们可以计算出每一块砖，每一根梁的受力。牛顿的力学理论取得了巨大的成功，他还在世时就已经成了名人，著名诗人亚历山大·蒲柏曾写下：

自然和自然律深藏于黑暗，

神说，让牛顿来吧！于是就有了光。

牛顿还将自己的力学理论应用到宇宙本身，提出了新的引力理论。他热衷于跟人讲述当年蔓延欧洲的黑死病迫使剑桥大学关闭，他回到了位于林肯郡的家中这段经历。一天，他在自家院子里看见苹果从树上掉落下来，就给自己提出了这个重大的问题：既然苹果会落下来，那么月亮会不会掉下来？作用于地球上的苹果的重力，会不会也在引领着天体的运动？这可是异端的想法，因为宗教上认为天体就应该待在自己的位置，它们遵循的是完美的神圣的定律，这种定律是和控制人类的原罪、救赎等是相对应的。

一闪念间，牛顿意识到他可以将地球上和太空中的物理学统一成一体。将苹果拉向地面的力，应该是和牵引月球，使其沿轨道运行的力是同样的力。他一不留神撞在了对引力的新的认识上。他想象自己坐在山巅，向上扔石头。他意识到随着扔出的速度越来越快，石头就能越扔越远。然后，他作出了一个重大的跳跃：如果你扔得足够快，使石头永远落不下来会怎样？他意识到石头在引力的作用下，虽然不会落到地球上，但是会绕着地球运动，最终回到扔石头的人的位置，打在那人的后脑勺上。在他的想象中，他把石头换成了月球。月球也在不断向下落，但永远不会落到地球上，和石头一样，绕着地球做环行运动。月球不是像教会说的那样停留在天球上，而是在引力的作用下，像石头和苹果那样进行自由落体运动。这是对太阳系的运动的第一个解释。

20年后，即1682年，整个伦敦都被一颗耀眼的彗星搞得惴惴不安。牛顿用反射式望远镜（这也是他发明的）仔细观察了彗星的运动，发现其运动和自己的公式非常吻合，前提是只要它是在引力的作用下作自由落体运动。当时的一个业余天文学家埃德蒙·哈雷精确地预言该彗星（后来被命名为哈雷彗星）会回来，这是人类对于彗星的运行第一次作出预言。牛顿用来计算哈雷彗星和月球轨道的引力定律，和美国国家宇航局用来引导其空间探测飞船精确飞经天王星和海王星所使用的引力定律是一样的。

牛顿认为这些力是瞬间起作用的。比如，如果太阳突然之间消失了，牛顿认为地球会立即飞离自己的轨道，凝固在深邃的空间。整个宇宙中所有的人都会丝毫不差同时知道太阳消失了。因此，我们就有可能调整位于宇宙任何位置的钟表，使这些表都同步。地球上的一秒钟和火星上或木星上的一秒钟是一样长的。和时间一样，空间也是绝对的。地球上的尺子和火星或木星上的尺子的长度是一样的。在宇宙的任何位置，尺子的长度都不会变化。因此，秒和米等概念，不论我们旅行到太空的任何位置，都是一样的。

这样一来，牛顿就将其物理概念建立在了绝对空间和绝对时间这一常识概念上。对牛顿来说，空间和时间构成了绝对的参考系，我们依此来判断所有物体的移动。例如，我们坐火车旅行的时候，会认为火车是运动的，地球是静止的。然而，如果我们盯着车窗外闪过的树木，就会认为火车也许是静止的，是树木运动经过窗口。由于车厢内的一切都好像是静止的，我们就会问，到底是什么在运动？火车还是树？对牛顿来说，绝对参考系可以帮我们确定答案到底是什么。

牛顿的定律在几乎两个世纪的时间里一直是物理学的基石。结果，到了19世纪末，随着新的发明，如电报、电灯等给欧洲的大城市带来了变革，对于电的研究带来了一套崭新的科学概念。为了解释电流和磁性等神秘的力，1860年就职于剑桥大学的苏格兰物理学家詹姆斯·克拉克·麦克斯韦，抛开了牛顿力学，以全新的"场"的概念，创立了电磁学理论。爱因斯坦写道：场概念"是物理学自牛顿以来最深刻的成果"。[4]

把铁屑撒在纸上，我们就能看见这些场。把一块磁体放在纸下面，铁屑会神奇地重新排列，变成像蜘蛛网一样的图案，从磁体的南北极伸展出线段。因此，磁体的周围存在磁场，它是肉眼看不见的一条条的力，能够穿过任何空间。

电流也会创造场。在科技馆里，儿童在触摸到静电球的时候头发直竖，这会令他们欢欣不已。头发就显示了静电球所发出的看不见的电场线。

不过，这些场和牛顿所说的力很不相同。牛顿认为力是瞬间作用于空间所有物体的，因此宇宙中某一地方出现扰动，整个宇宙会瞬间都感受到这一扰动。麦克斯韦的重大发现则表明磁场和电效应不像牛顿的力那样瞬间起作用的，而是需要时间来传播，而且传播速度恒定。他的传记作家马丁·戈德曼（Martin Goldman）写道："磁力作用的时间这一想法……好像让麦克斯韦猛然意识到了什么。"[5]例如，麦克斯韦指出，如果有人晃动磁铁，附近的铁屑需要一定的时间才能重新排列。

想象一下在风中颤动的蜘蛛网。蜘蛛网一部分受风出现扰动，会带来一阵涟漪，传播到整个蜘蛛网。和力不同，场和蜘蛛网允许扰动以恒定的速度传播。麦克斯韦接下来计算磁力效应和电效应的速度。这是19世纪科学最伟大的突破之一。他正是利用这个想法来解答光的奥秘。

麦克斯韦通过迈克尔·法拉第和其他人早期的工作得知，运动的磁场可以产生电场，反之亦然。我们周围的发电机和电动机就是这一辩证关系的直接结果。（这一原则被用来给我们的家庭提供照明。例如，在水坝上，水流冲击水轮机，水轮机使磁体旋转。运动的磁场推动线圈里的电子，由此产生的电流顺着高压线路传导到我们家里的墙壁插座里。与此相似，使用电动真空吸尘器的时候，电流从墙壁插座里流出来，产生了磁场，驱动吸尘器里的扇页旋转。）

天才麦克斯韦就是要把这两种效应合到一起。既然磁场运动可以产生电场，而且反之亦然，那么这两者也许可以形成循环运动，电场和磁场相互转换，相互驱动。麦克斯韦立即意识到这一循环模式会创造出一连串移动的电场和磁场，同时都一起活跃，各自都通过永不停止的波动变成另一种形态。然后他计算了这种波的速度。

令他惊讶的是，他发现这种波的速度就是光速。而且，在有可能是 19 世纪最具划时代意义的一句话中，他宣称这种波就是光。接着，麦克斯韦向他的同事预言道："我们很难避免得出这样的结论，即光是引起电磁现象的那种介质中的横向波动！"[6]科学家在对光的本质迷惑了上千年后，终于开始认识到其最深层的奥秘了。场和牛顿的力不同。牛顿力学中，力都是瞬间起作用的，而场则以恒定的速度传播：这速度就是光速。

麦克斯韦的研究工作以 8 个非常艰深的方程式表达了出来（称作"麦克斯韦方程"）。在过去的一个半世纪中，每个电学工程师和物理学家都要将其熟记于心。（现在，大家可以买到印有这 8 个方程式的 T 恤衫。在 T 恤衫上，方程式前面经常印有这么一句话："起初神创造天地，神说……"，最后则是"……就有了光"。）

到了 19 世纪末，牛顿和麦克斯韦的物理发现都被实验完美地证明了，有些物理学家甚至预言，这两个科学的柱石，已经回答了宇宙间所有的基本问题。

当马克斯·普朗克（量子理论的创始人）当年咨询自己的导师，自己当物理学家是否合适时，老师告诉他最好转行，因为物理学问题已经基本被穷尽了。老师告诉他已经没有什么真正新的东西可供发现了。19世纪伟大的物理学家凯尔文男爵也表达过这一想法。他宣称物理学基本上已经完成了，只剩下地平线上几朵小"云彩"还说不清楚。

但是牛顿学说剩下的疑团开始逐年变得显眼起来。像玛丽·居里分离出镭，发现了放射性就震动了科学界，并令世人瞩目。只要几盎司的这种稀有的发光物质，就能照亮整个房间。她还证明，好像有无穷无尽的能量从这种不为人们所知的原子内部发出来。这似乎完全违背了能量守恒定律。这一定律指出能量无法被创造，也不能被消灭。这些小小的"疑云"，很快就会催生出 20 世纪两个重大的变革：相对论和量子理论。

但是，看来最让物理学家坐立不安的，是不论他们如何努力，都难以将牛顿力学和麦克斯韦的理论结合起来。麦克斯韦的理论证实光是一种波，但这带来了另一个问题：什么是波？科学家知道，光可以在真空中传播（事实上发自遥远的恒星的光可以穿越外层空间的真空传播数百万光年），但是，由于真空的定义是"无"，这就带来了一个悖论：没有任何东西在波动！

牛顿学派的物理学家提出了"以太"的概念，说光波是在充满了整个宇宙的、人眼看不见的"以太"

中震动进行传播的。这样，以太就成了一个绝对的参考系，一切物体的速度都参照它而测出。持怀疑论的人可能会说，由于地球绕太阳运行，太阳绕某个星系运行，因此就不可能判断到底是哪个物体在运动。牛顿学派的物理学家则认为太阳系相对于静态的以太是运动的，这样我们就能判断出到底是哪个物体在运动。

不过，渐渐的，以太开始带有了一些越来越神奇而怪异的属性。例如，物理学家知道，媒介的密度越高，波的传播速度越快。因此，声波在水中的传播速度比在空气中快。可是，由于光的传播速度极快（186000 英里/秒，即每秒钟 30 万千米），这就意味着以太必须非常致密，光才能以这样的速度在其中传递。但这怎么可能？因为从另一方面考虑，以太还必须比空气还要轻。随着时间的推移，以太渐渐变成了一种神话般的物质：它必须是绝对静止、没有重量、肉眼观察不到、黏滞度为零，而与此同时，却又比钢更致密，同时任何仪器又测不到。到了 1900 年，牛顿学说的缺陷越来越难以自圆其说了。世界已经准备好了迎接一场变革，但是谁将引导这一变革呢？虽然其他的物理学家都很清楚以太理论的漏洞，但他们却因循着牛顿学说，力图通过修修补补来解决问题。爱因斯坦则无需顾虑失去任何东西，他可以直击问题的核心：牛顿力学和麦克斯韦的场论无法调和。科学的这两大柱石中的一个必须被推倒。当其中的一个柱石最终坍塌的时候，将把 200 多年来的物理学翻个个儿，并彻底改变我们观照宇宙和现实本身的方式。牛顿学说将被爱因斯坦设想的一个图景推倒，而这幅图景，即使是儿童也能理解。

第2章 爱因斯坦的早年生活

我们要说的这个即将重塑我们对于宇宙的看法的人，于1879年3月14日生于德国的小城乌尔姆。爱因斯坦刚降生下来的时候，他的父母，赫尔曼（Hermann）和葆林·科赫·爱因斯坦（Pauline Koch Einstein）觉得这个孩子的头有些畸形。他们暗暗祈祷，希望这个孩子不要有精神问题。

爱因斯坦的父母是中产阶级的犹太人，对宗教并不热衷。当时他们生活清苦，必须努力做工才能养活不断扩大的家庭。葆林的父亲家境不错。她父亲朱利叶斯·戴兹巴赫（Julius Derzbacher）（后来他自己改名叫科赫）通过烤面包，并进入谷物贸易而赚了一笔钱。在爱因斯坦家族中，葆林比较有教养。她坚持让自己的孩子学习音乐，并培养小阿尔伯特（爱因斯坦）喜欢上了小提琴，并成了他终身的爱好。赫尔曼·爱因斯坦的运气就比不上老岳父了。他做生意不大顺利，起初是做羽毛褥垫的买卖。他弟弟雅各布说服他改行做新兴的电气化学生意。法拉第、麦克斯韦、托马斯·爱迪生的发明都是用电的。那时候，这些发明已经开始照亮全世界的大城市。赫尔曼意识到将来制造发电机和电灯前景不错。不过，实际做起来，这项买卖并不稳定，而且经常导致他家庭的金融危机，并且好几次迫使他们搬家。在阿尔伯特出生一年后他们曾搬到慕尼黑。

小爱因斯坦学说话很晚，他的父母甚至担心他是不是有点智障。不过他一开口说话，就开始说完整的句子。可是，直到他9岁的时候，话还是说不好。他只有一个妹妹，名叫玛雅（Maja），比他小两岁。（起初，阿尔伯特对小妹妹的出现感到很奇怪。他看见她时说的第一句话是："她身上的轮子在哪儿呢？"）阿尔伯特的妹妹可不是好当的，因为他脾气坏，好拿东西砸妹妹的头。后来她妹妹抱怨说："当思想家的妹妹要有结实的脑壳。"[1]

爱因斯坦在学校是个好学生，这和坊间传闻有所不同。不过他的好，仅限于自己喜欢的科目学得好，比如数学和科学。德国的学校倾向于鼓励学生通过记忆来对问题给出简单的答案。要是做不到，老师就要罚学生，罚的办法是敲学生的手指关节。可小阿尔伯特说话的时候总是慢条斯理，犹犹豫豫，选词的时候小心翼翼。在这个令人窒息的尊重权威，而且泯灭创造力和想象力的教学模式中，他远不是最好的学生。有一次阿尔伯特的父亲问校长他的孩子适合做什么职业，他回答说："职业对他来说无所谓，他干什么都不会成功。"[2]

爱因斯坦老早就有了自己的行为方式。他爱幻想，经常沉浸于思考和阅读之中。他的同学好管他叫Biedermeier，意思是"怪胎"。他的一个朋友曾如此回忆："同学们都觉得阿尔伯特是个怪胎，因为他对体育一点都不感兴趣。老师都觉得他有点笨，因为他不擅死记硬背，而且行为怪异。"[3] 10 岁那年，阿尔伯特进入了慕尼黑的卢特波尔德高级中学。这段时间，最折磨他的课程就是古希腊语。那时候，他一般是坐在凳子上，脸上堆着微笑，掩饰自己内心的烦闷。终于有一天，七年级的希腊语老师约瑟夫·德根哈特指着阿尔伯特的鼻子说他来上课还不如不来。爱因斯坦辩解说自己没做什么错事，老师则冷冷地说："是的，你是没做错什么。但是你坐在最后那样笑，就冒犯了老师，因为老师需要全班的尊重。"[4]

即便是几十年后，爱因斯坦回顾起当年所遭遇的这种要求无条件服从权威的教育方式，还感到很受伤害："事实上，这种方式竟然没有彻底扭曲一个人的好奇心，简直是个奇迹。对我这棵小苗来说，除了激励，最需要的就是自由。"[5]

爱因斯坦很早就对科学产生了兴趣。这始于他第一次见到磁铁，他将此称作"第一个奇迹"。他父亲给了他一个指南针。从那，他就对这种看不见的能使物体移动的力产生了无尽的兴趣。他曾充满感情地回顾道："我到现在还能记得四五岁的时候，爸爸给了我一个指南针，那时我所见识的这种自然奇迹……那一经历给我产生了深刻久远的印象。那些事物背后一定隐藏着什么。"[6]

不过，当他快 11 岁的时候，他的生活出现了不可预料的转折：他虔诚地信起了教。有个远房亲戚传授阿尔伯特犹太教义，他一门心思地，甚至是狂热地信了起来。他拒绝吃猪肉，还创作了几首歌曲赞美上帝，就连上学的路上也唱。不过，这段狂热的宗教期时间不长。他越是深入钻研宗教的信条，就越意识到科学世界和宗教世界存在着冲突。其中宗教教义中的许多神迹都违背了科学定律。"通过阅读当时的书籍，我很快就认识到圣经中的许多故事都是不实的。"[7]他总结道。

于是，他立即就放弃了宗教，和当初信教一样的突然。然而，他的这段宗教期却会对他后期的人生观产生深远的影响。叛离宗教，可以看作是他第一次拒绝未经思考的权威的表现。而敢于蔑视权威，是他一生所坚持的人格特点。自此，爱因斯坦再也没有不经思考就接受任何权威的观点。虽然他认定人们无法将圣经中的宗教教义和科学调和，但他同时也认定宇宙中也有一些领域超越了科学的认识范围，人们必须对科学和自身认识的局限怀有深深的敬畏。

不过，假如小阿尔伯特没有碰上一个关心他的老师，帮助他打磨自己的观点，也许他幼时对指南针、科学、宗教等的兴趣都会逐渐枯萎。1889年，一个叫马克斯·塔尔迈（Max Talmud）的波兰医科学生在慕尼黑上学，每周都到爱因斯坦家吃饭。塔尔迈引导爱因斯坦认识到了超越他课堂上那些枯燥的死记硬背的知识之外的科学世界。多年后，塔尔迈还充满感情地回忆道："那些年当中，我从来没有看见过他读闲书。也没看见过他和同学或是其他同龄人厮混在一起。他唯一的业余爱好是音乐。那时候他就能在他妈妈的伴奏下演奏莫扎特和贝多芬的奏鸣曲了。"[8]塔尔迈给了爱因斯坦几本几何学的书。爱因斯坦夜以继日如饥似渴地阅读。爱因斯坦将这称作自己的"第二个奇迹"。他后来写道："12岁的时候，我见识了另一种完全不同的奇迹。那是在欧几里得的几何学中所见识的。"[9]他将这本书称作"神圣的几何学"，并把它看作是自己的圣经。

至此，爱因斯坦终于接触到了纯粹的思维领域。无需昂贵的实验室和实验设备，他就能探索宇宙的真理，这一切只受人类大脑能力的限制。他妹妹玛雅注意到数学成了阿尔伯特无穷的乐趣的源泉，尤其是当其中蕴含了迷人的难题或奥妙的时候。他曾对妹妹吹嘘说自己独立证明了毕达哥拉斯关于直角三角形的定理。

爱因斯坦对数学的探求并未到此为止。他还自学了微积分，这让他的家庭教师都感到惊讶。塔尔迈后来承认："他的数学天才很快就显露了出来，让我望尘莫及了……从那以后，我们就开始经常探讨哲学话题。我建议他读读康德的著作。"[10]塔尔迈把伊曼纽尔·康德（Immanuel Kant）介绍给了阿尔伯特，其《纯粹理性批判》（*Critique of Pure Reason*）滋养了爱因斯坦对于哲学的兴趣。他开始思索所有的哲学家都面临的终极问题，如伦理的本源、上帝是否存在、战争的本质等。尤其是康德，他的观点颇为异端，他甚至怀疑上帝是否存在。他取笑自以为是的经典哲学，说："彼处是非多。"（或者，如古罗马的雄辩家西塞罗（Cicero）所说："天下荒唐言，皆出哲人口。"）康德还写道，国际联盟性质的政府是结束战争的出路。爱因斯坦一生都坚持这一观点。爱因斯坦受康德影响很深，甚至曾考虑做一名哲学家。父亲则希望儿子能从事更现实的职业，把他的这想法斥责为"哲学的胡言乱语"。[11]

好在他父亲做的是电气化学生意，工厂周围有大量的电机、发电机、机电设备等，满足了他的好奇心，使他对科学产生了兴趣。（当时赫尔曼·爱因斯坦正和弟弟雅各布争取一个大项目，该项目可以使慕尼黑市中心实现电气化。赫尔曼梦想站在这一历史性任务的前沿。要是拿下了项目，他的经济基础就牢固了，而且手下的电器工厂也能大大扩张。）

由于周围都是电磁设备，这毫无疑问激起了阿尔伯特理解电和磁的灵感。尤其是这些设备也许使他变得特别善于想象出图形来精确描述自然定律。其他的科学家往往皓首穷经，埋头于抽象的数学公式，爱因斯坦却能把物理学定律看成是清晰明了的图景。也许这种特殊的能力就来自于他早年的这段幸福时光。那时候，他看着父亲工厂四周的电器，自由地思索电和磁的定律。这一将所有事物都以物理图景的方式来思考的特异能力，是爱因斯坦作为物理学家的了不起的特点之一。到了 15 岁，由于家庭遭遇到了周期性的财政困难，爱因斯坦的学业也中断了。赫尔曼为人大度，总是帮助资金上遇到了困难的人。他和大多数成功的商人不同，他的心肠不够硬。（阿尔伯特后来也继承了父亲这种宽宏大量的性格。）他的公司没有拿到给慕尼黑提供照明的合同，破产了。葆林的娘家很有钱。当时住在意大利的热那亚。他们提出帮助赫尔曼建立一家新公司。不过其中也是有附加条件。这条件就是他们坚持让他搬家到意大利（部分原因是这样一来他们就可以更好地管管他，让他不要那么乐善好施）。于是爱因斯坦全家搬到了米兰，离帕维亚的新工厂比较近。赫尔曼不想再干扰儿子的学业，就让阿尔伯特留在了慕尼黑继续上学，住在亲戚家里。

阿尔伯特独自一人，心情凄苦，要上寄宿学校，并且还面临着即将在普鲁士军队里服兵役的苦差。老师不喜欢他，他也不喜欢老师。他甚至曾经几乎被校方开除。于是爱因斯坦一冲动，打算去找家人。他让家庭医生写了个假条，不去上学了，理由是他再不见到家人心理就要崩溃了。然后他就独自一人去了意大利，而且最终摸到了家门口，这让家人大吃一惊。

赫尔曼和葆林不知如何对付儿子。当时他逃脱了兵役，退了学，没什么手艺，没有职业，没有前途。他那时经常和父亲长时间争吵。父亲想让他学电气工程这样的实用专业，而阿尔伯特老惦记着当哲学家。最后他俩都妥协了。阿尔伯特说他愿意去著名的苏黎世理工学院（Zurich Polytechnic Institute，即后来的"瑞士联邦技术大学"）。当时他的年龄还不够，比大多数参加入学考试的学生都小两岁。好处是苏黎世理工学院不要求考生有高中文凭，只要求通过该校严格的入学考试就行。

可惜，爱因斯坦没有通过考试。他的法语、化学和生物学部分没考及格。但是他的数学和物理学成绩极为出色，这给当时的校长阿尔宾·赫尔佐格（Albin Herzog）留下了很深的印象。校长保证第二年免试录取阿尔伯特。物理系的主任海因里希·韦伯（Heinrich Weber）还答应让爱因斯坦住在苏黎世期间来旁听他的物理课。赫尔佐格建议爱因斯坦在入学前的一年中上一所高中，该学校位于阿劳（Aarau），在苏黎世西边，半小时的行程。阿尔伯特在那里租住高中校长约斯特·温特勒（Jost Winteler）的房子，并因此建立了爱因斯坦一家和温特勒一家毕生的友谊。（后来玛雅和温特勒家的儿子保罗成婚，爱因斯坦的好友米凯尔·贝索（Michele Besso）则娶了温特勒家的长女安娜。）

爱因斯坦很喜欢学校里那种轻松自由的氛围。在这儿，他相对而言感受不到德国的那种压抑的、服从权威的教学体系的压迫。他喜欢瑞士人的好客劲儿。那里的人看重的是宽容和心灵的独立。爱因斯坦后来充满感情地回顾道："我喜欢瑞士人，因为总体上说，他们比起我了解的其他民族的人，更充满人性。"[12]回忆起自己早年在德国学校所留下的糟糕记忆，他还决定宣布退出德国国籍。一个十来岁的孩子做出这样的事，还是很令人惊讶的。此后他5年中都没有国籍（5年后才最终加入瑞士籍）。阿尔伯特在这种自由的空气中得以自由成长，开始摆脱掉羞涩、紧张、内敛的性格特征，变得外向而善于交往，交了许多关系很铁的朋友。玛雅尤其注意到了哥哥的变化，看到他变成了成熟而独立的思想者。爱因斯坦的一生中，性格有过几次明显的变化阶段，其中第一个阶段就是书呆子似的内敛的阶段。到了意大利，尤其是后来到了瑞士，他开始进入性格的第二个阶段，成了一个张扬、自信、放荡不羁的文化人，说话妙趣横生，总能逗得大家很开心。他特别喜欢说笑话，逗得朋友们捧腹大笑。

有人管他叫"放肆的斯瓦比亚①人"。他的一个同学汉斯·比兰德注意到了爱因斯坦性格的变化："不论谁和他接触，都会被他的性格所影响。虽然他说话特别逗，但是庸俗之辈并不会因此觉得可以和他搅在一起。他完全不受传统礼教的束缚。他是个喜欢开怀大笑的哲人，他以这样的姿态面对世界。他以机智的反讽毫不留情地剥去名利和虚饰的外衣。"[13]

据说，这种"开怀的哲人"形象也越来越得到女孩子的青睐。他爱说俏皮话，另外女孩子也觉得他心思敏锐，值得信赖，而且富有同情心。比如曾有朋友向他咨询和男朋友的关系如何处。另一个请他在留言簿上签名，他在上面写了一首傻呵呵的打油诗。他演奏小提琴技巧高超，也吸引了不少人，经常有人邀请他到晚宴上演出。那一时期的私人信件表明他颇有女人缘，很多人请他演奏小提琴来给钢琴伴奏。传记作家奥尔布来希特·弗尔兴（Albrecht Folsing）写道：

① 斯瓦比亚是德国西南部的一个前公爵领地。——译者

"很多年轻以及年老的妇女不仅被他的小提琴演奏迷住，而且被他的风度迷住。那时的他，更像一个充满激情的艺术家，而不是理科专业的学生。"[14]

有一个姑娘尤其引起了他的注意。仅仅 16 岁的时候，爱因斯坦就热恋上了约斯特·温特勒的一个女儿。她名叫玛丽，比他大两岁。（事实上，爱因斯坦一生中的重要的女性都比他大。他的两个儿子在交女友的时候也有这一倾向。）玛丽是个善良、敏感、有才气的女孩子。她希望能成为她父亲那样的教师。阿尔伯特和玛丽经常一起散步，或是去户外观鸟。温特勒一家人都很喜欢观鸟。在她演奏钢琴的时候，他会用小提琴伴奏。

阿尔伯特这样向她倾诉自己的爱慕："亲爱的……我的小天使，此刻我真正体味了什么是伤感，什么是怀恋。但是爱给予我的幸福，远胜过了怀恋带给我的苦痛。此刻，我才真正意识到，亲爱的，你的灿烂笑容，对我的幸福是多么的不可或缺。"[15]玛丽对阿尔伯特的爱也给予了积极的回应，甚至还给爱因斯坦的妈妈写信说明了他们之间的感情。爱因斯坦的妈妈则回信支持他们的关系。温特勒一家和爱因斯坦一家，都开始期待这对恋人宣布他们的婚期了。然而，玛丽在和恋人谈论科学问题的时候，老觉得自己水平不够，而且担心这一点会影响他们之间的关系，因为自己的男友对科学是那么专心致志。她意识到自己必须和爱因斯坦第一个恋人竞争才能获得他的爱：这个恋人就是物理学。

当时爱因斯坦心里牵挂的，不仅是玛丽，而且还有对光和电的奥秘的好奇。1895 年，他独立写作了一篇论文，探讨光和以太的问题。论文题目是"磁场中的以太初探"（An Investigation of the State of the Aether in a Magnetic Field）。他把这篇论文发给了自己所喜欢的住在比利时的舅舅凯撒·科赫（Caesar Koch）。这是他的第一篇科学论文，只有五页长。该论文提出磁力这种神秘的力可以被看作以太中的某种扰动。几年前，塔尔迈介绍爱因斯坦阅读了阿龙·伯恩斯坦（Aaron Bernstein）的关于自然科学的科普书籍。爱因斯坦后来曾写道，那本书他是一口气读完的。[16]这本书对他产生了极大的影响，因为书中探讨了电的神秘。伯恩斯坦邀请读者进入电线的内部，和电信号一起作一个奇妙的旅行。

16 岁的时候，爱因斯坦有一次做了个白日梦，这个梦后来让他顿悟，改变了人类历史的进程。爱因斯坦也许是想起了伯恩斯坦在书中提出的旅行设想，于是想象自己随着光线旅行，并问了一个极其重要的问题：光线看上去是什么样子？就像牛顿当时设想抛石头直到石头绕地球运转一样，爱因斯坦对这条光线的设想最终带来了深刻而惊人的结果。

在牛顿的世界中，只要我们运动速度足够快，就能追上任何物体。比如，汽车加速可以和火车并驾齐驱。如果我们向火车内看去，就会看到里面的乘客在读报喝茶，就好像他们坐在自家客厅里一样。虽然他们是以很高的速度运动，但对于我们来说，看上去仍是静止的，因为我们在汽车中也以同样的速度在运动。

与此类似，我们可以设想警车追超速车辆的情形。随着警车加速赶上超速的车，警察就能看到车里的驾驶员，朝他招手示意他停车。在警察眼中，驾驶员看上去是很轻松的样子，虽然他们同时都以每小时上百千米的速度在行驶。

物理学家当时知道光是由波组成的，因此爱因斯坦分析，要是我们能够和光线并驾齐驱，那么光线看上去就应该是完全静止的。这就意味着光线在运动者看来应该是凝固的波。它不会产生振荡。可是，年轻的爱因斯坦认为这根本就讲不通。谁也没有见到过凝固的波。在所有的科学文献中，都不曾有凝固的波的记载。爱因斯坦认为光很特别。我们无法赶上光的速度。凝固的光波是不存在的。

他当时还不理解这一点，但是却在偶然间碰上了20世纪最重大的科学发现，并最终导致了相对论的产生。爱因斯坦后来写道："这一原则来自我16岁的时候就想到的一个悖论：如果我以 c 速度（真空中的光速）随一束光运动，我会看到该束光……呈静止状态。然而，这种情形似乎不会存在，不论是根据经验还是根据麦克斯韦的方程式。"[17]

爱因斯坦之所以能站在科学革新的前沿，正是由于他能够将任何现象背后的关键原则分离出来，全心探讨最基本的情形。比他差一等的科学家往往迷失在数学公式中。爱因斯坦却能通过简单的物理图景来思考——这种图景包括加速的火车、下落的电梯、火箭、工作的钟表等。这些图景将正确地指导他探索20世纪最伟大的想法。他写道："所有的物理学理论，虽然也包含数学描述，但都必须能够以儿童都能明白的表述讲清楚。"[18]

1895年，爱因斯坦最终进入了苏黎世理工学院，开始了人生的全新阶段。他以为自己将首次接触整个欧洲大陆都在讨论的物理学界最新的进展。他当时知道物理学界正吹起变革的风。一系列新的试验正在进行，而且这些试验似乎对艾萨克·牛顿的理论和经典物理学提出了挑战。

爱因斯坦希望在苏黎世理工学院能够学到关于光的新理论，尤其是麦克斯韦方程。他后来写道麦克斯韦方程是他做学生期间最着迷的内容。[19]爱因斯坦最终学到麦克斯韦方程之后，终于能够回答萦绕脑际的问题了。正如他所设想的，麦克斯韦方程无法解决光在时间中凝固这一问题。不过他接着又有了更多的发现。他惊奇地发现，在麦克斯韦的理论中，光线总以同样的速度运动，不论我们以何种速度运动。这样，谜语的最终答案就出来了：我们永远无法赶上光线，因为它总是以同样的速度从我们身边逃逸。这一来就违背了他所认识的世界的常识。为了解决光总是以同样的速度运动这一重大的发现所带来的悖论，还需要他考虑好几年的时间。

这种变革的年代要求具有变革精神的理论以及大无畏的新的科学领袖。可惜，在苏黎世理工学院爱因斯坦没有找到这样的领袖人物。当时他的老师更喜欢探讨经典的物理学问题，这使爱因斯坦只好逃学，花更多的时间在实验室中，或是自学新的理论。由于他经常缺课，他的教授认为他很懒。于是爱因斯坦的老师又一次低估了他。

苏黎世理工学院的这些老师当中也包括物理学教授海因里希·韦伯，就是那个对爱因斯坦有很深的印象，且在他入学考试失利后让他来自己班上旁听的那个人。他甚至还答应爱因斯坦毕业后做自己的助手。然而，随着时间的推移，韦伯开始讨厌爱因斯坦了，因为他觉得他学习缺乏耐心，同时又蔑视权威。最终，这位教授不再支持爱因斯坦，并且说："爱因斯坦，你是个聪明孩子，非常聪明。但是你犯了一个大错：你什么也听不进去。"[20]物理学讲师让·佩尔内（Jean Pernet）也不喜欢爱因斯坦。爱因斯坦有一次把佩尔内负责的课的实验手册看也没看就扔进了垃圾桶，这刺伤了他。但是佩尔内尽力替爱因斯坦辩解，说他尽管有点异端，但他的解决办法却总是对的。尽管如此，佩尔内还是对爱因斯坦说："你很有热情，但在物理学方面没有前途。为了你自己，你还是改学其他专业吧，比如医学、文学、法律什么的。"[21]有一次，因为爱因斯坦撕掉了实验手册，偶然间引发了一次爆炸，使右手严重受伤，不得不缝合伤口。他和佩尔内的关系也越来越糟，结果佩尔内给他打的分数是1，这是该课程最差的分数。数学教授赫尔曼·闵可夫斯基（Hermann Minkowski）甚至说爱因斯坦是个"懒虫"。

虽然教授们不喜欢他，爱因斯坦在苏黎世结交的朋友却和他保持了终身的友谊。他那年选的物理学课只有五个学生，他和每个同学都认识。其中一个是马塞尔·格罗斯曼（Marcel Grossman），他上课时记笔记总是非常仔细。由于他笔记记得好，爱因斯坦经常借他的笔记看，而不去上课，结果，就这样他的考试分数还比格罗斯曼好。（直到现在，苏黎世理工学院还保存着格罗斯曼的笔记。）格罗斯曼曾跟爱因斯坦的母亲说：有朝一日爱因斯坦"必成大业"。[22]

但是让爱因斯坦瞩目的人却是班上的另一个同学，米列瓦·马里奇（Mileva Marić），她来自塞尔维亚。来自巴尔干半岛的物理学学生很少，女生就更少了。米列瓦是个要强的女人，她之所以决定去瑞士，是因为只有这些德语国家的大学才收女生。她是苏黎世理工学院接收的第五个女生，专业是物理学。爱因斯坦终于碰上了对手，一个能够听懂他所热衷的物理语言的女人。他觉得她令人无法拒绝，很快就断绝了和玛丽的关系。他梦想到自己和米列瓦可以共同成为物理学教授，共同作出重大的发现。他们很快就坠入了爱河。假期短暂的离别，他们会通过长长的情书互诉衷肠，相互之间使用亲密的昵称，比如"约翰尼"或"多莉"。爱因斯坦写给她情意绵绵的诗歌，表达自己的爱恋："我想去哪儿就去哪儿——但我不属于任何地方。我思念你的双臂，思念你的香唇，和温柔的吻。"[23]爱因斯坦和米列瓦相互之间共留下430封信，现由他们的一个儿子收藏。（有点讽刺的是，他们的生活一直很窘困，一直都是刚刚挣够付账单的钱，可这些信件中有一些在一次拍卖会上却卖出了40万美元的高价。）

爱因斯坦的朋友都不明白他到底是看上米列瓦哪儿了。爱因斯坦富有幽默细胞，而米列瓦却沉默冷淡。她性格忧郁孤僻，不相信别人。她走路还明显有些瘸（她的一条腿比另一条腿短），这使得她更不合群。朋友们在背后还议论她姐姐佐尔卡（Zorka）行为举止古怪。后来她姐姐被送进了疯人院。但是，最关键的，是她的社会地位很不稳定。那时瑞士人有时候可能看不起犹太人，而犹太人则有时候看不起南欧人，尤其是来自巴尔干半岛的人。

反过来说，米列瓦对爱因斯坦倒没有任何幻想。他的优秀，以及他面对权威时的不敬的态度都有点被神化了。她知道他已经宣布退出德国国籍，也知道他对于战争和和平问题所持的观点与普通大众不同。她后来写道："我的爱人口上无德，而且还是个犹太人。"[24]

可是，爱因斯坦和米列瓦的恋情却在他父母那里引发了一场地震。本来母亲比较支持他和玛丽的关系，这次死活不喜欢米列瓦，认为她配不上阿尔伯特，觉得她会影响他的前程和家庭的名声。她年龄真是太大了些，而且她太病态，太没有女人味，太阴郁，也太塞尔维亚气了。母亲曾和一个朋友抱怨说："这个马里奇真是让我作了难了。我要是管得了，我会不遗余力地把她从我眼前赶走。我真是不喜欢她。但是我已经管不了阿尔伯特了。"[25]母亲还警告爱因斯坦说："等你到了30岁，她就成了老妖婆了。"[26]

但是爱因斯坦笃定了心要维持和米列瓦的关系，即便是为此他和家里人的关系出现裂痕。有一次，爱因斯坦的妈妈来看儿子，问道："她日后会干什么？"爱因斯坦回答说："她会成为我妻子。"[27]听了这话，妈妈突然扑到床上，痛哭不止。妈妈抱怨儿子为了个女人毁了自己的前程，因为这个女人"进不了像样的门第"。[28]最终，由于父母强烈反对，爱因斯坦不得不推迟和米列瓦的婚期，直到自己上完学，找到份薪酬不错的工作再考虑。

1900年，爱因斯坦从苏黎世理工学院毕业了，得到了物理学和数学学位。此时，他的背运也来了。人们原以为他会获得助教的工作。这应该是顺理成章的，因为他各项功课都考过了，而且在学校的学习也不错。但是由于韦伯教授已经收回了自己当年给爱因斯坦的工作承诺，他成了全班同学中唯一没有获得助教职位的人。这对他可以说是当众羞辱。一度自大的他忽然发现自己的地位岌岌可危，尤其是热那亚的家境富裕的姨妈见他大学毕业了，也停止了对他的资助。

爱因斯坦没有料到韦伯会对他有那么强烈的反感。他在找工作的时候还傻傻地提韦伯的名字作为自己的引荐人，却没意识到这个人会进一步毁掉自己的前程。最终他还是不得不承认，这个过错有可能让他永远找不到像样的职业。他后来伤心地抱怨道："要不是韦伯这么卑鄙，我早就找到工作了。尽管如此，我试过了所有的机会，而且始终保持良好的心态……上帝创造了驴子，也给了他厚厚的皮。"[29]同时，爱因斯坦也在申请加入瑞士籍，但是他只有在证明自己能够找到工作之后，才能办理手续。他的世界似乎瞬间崩塌了。他甚至还动过在街头拉小提琴卖艺的念头。

他父亲意识到了儿子的困境，于是给莱比锡的威廉·奥斯特瓦尔德（Wilhelm Ostwald）教授写了封信，求他给儿子提供助教职位。（奥斯特瓦尔德根本就没回这封信。有意思的是，10年后，奥斯特瓦尔德第一个提名爱因斯坦为诺贝尔物理学奖候选人。）爱因斯坦肯定意识到了他周围的世界突然变得多么的不公平："人们仅仅是由于填饱肚子的需要，就不得不参与这种赛跑。"[30]他伤心地写道："对于我的亲人来说，我纯粹是一个负担……我要是死了，他们肯定会过得更好。"[31]

更糟糕的是，就在此时，他父亲的公司又破产了。而且，他父亲把妻子继承的遗产都花掉了，还欠了她娘家一屁股债。失去了所有的经济来源，爱因斯坦没有别的选择，只好找了个最低微的教职。他迫不及待地扒弄报纸，找寻工作机会。曾经一度他差点彻底放弃了成为物理学家的念头，认真地考虑是否在一家保险公司干下去。

1901年，他找了份工作，在温特图尔技术学校讲授数学。在繁重的教学任务之外，他还挤出时间，发表了第一篇论文，题目是《从毛细现象得到的一些结论》（Deductions from the Phenomena of Capillarity）。爱因斯坦自己也知道这篇论文不会有太大的影响。第二年，他又在沙夫豪森（Schaffhausen）的一个寄宿学校找了份临时的助教工作。结果，他和霸气十足的校长雅各布·努施（Jakob Nuesch）合不来，很快就被解聘了。（这位校长对爱因斯坦大为光火，甚至指责他煽动革命。）

　　爱因斯坦那时想到，也许自己一生只能从事这样的微不足道的教书工作来养家糊口，学生们上起课来都是一副无所谓的态度，他还得老是翻报纸找广告。他的朋友弗里德里希·阿德勒（Friedrich Adler）后来回顾道，这一次阿尔伯特家差一点就揭不开锅了。他彻底的失意潦倒。可他仍然拒绝向亲戚求援。接下来他又遇到了两个挫折。首先，米列瓦在苏黎世理工学院第二次考试不及格。这就意味着她这一辈子当不成物理学家了。因为有了这样的成绩记录，谁也不会让她上研究生。她非常伤心，对物理学丧失了兴趣。他们探索宇宙的梦想也结束了。1901 年 11 月，米列瓦回到了家。爱因斯坦收到了她写来的一封信，信中告诉他她怀孕了！

　　爱因斯坦对未来老是缺乏安排，但是对于自己要当父亲这事儿还是很激动。和米列瓦分开是一种折磨，不过他们之间通信频繁，几乎是每日一封。1902 年 2 月 4 日，他接到信儿说他有了个女儿，女儿的出生地是米列瓦父母的家乡诺维萨德（Novi Sad），小名是丽莎儿。爱因斯坦非常兴奋，想知道女儿的一切情况。他还求米列瓦给他寄一张女儿的照片或素描。很怪的是，谁也说不清楚那孩子发生了什么。最后一封信提到这个女孩是 1903 年 9 月，信上说她得了猩红热。历史学家认为她很可能因为这场病夭折了，要不就是她被送给别人领养了。

就在爱因斯坦的境况看起来糟得不可能再糟的时候，万万想不到的是，他收到了一封信。他的好朋友马塞尔·格罗斯曼（Marcel Grossman）为他在伯尔尼专利局找了份微不足道的小职业。爱因斯坦就是在这个微小的职位上，作出了改变世界的贡献。[为了维持有朝一日还能当教授的梦想，这一阶段他说服了苏黎世大学的阿尔佛雷德·克莱纳（Alfred Kleiner）教授，来做他的导师。]

1902 年 6 月 23 日，爱因斯坦开始在专利局做三级技术员的工作，薪水很低。事后看来，在这里工作至少有三个潜在的好处。首先，这一工作迫使他思考每个发明背后的物理原理。白天，他审阅专利申请，从中剔除不必要的细节，将最关键的内容剥离记录下来，写一份报告。他的报告写得篇幅冗长，事无巨细都要分析。他曾给朋友写信说他干的活就是"洒墨水"。[32] 其次，许多专利申请都和电磁设备有关，因此，当年在他父亲工厂学到的以形象化的思维考虑于发电机和电动机的内在工作原理这一本领就有了用武之地。最后，这份差事使他躲开了生活的纷扰，使他有时间思考光和运动的深层问题。他经常很快就能完成工作，把剩下的好几个小时的时间用来思索。上班时以及晚上，他会回到自己钟爱的物理学。专利局安静的氛围很适合他。他将这里称作"世俗人境中的修道院"。[33]

爱因斯坦刚刚开始在专利局上班，就得到消息说他父亲患心脏病，快不行了。10月份他就立即赶到了米兰。赫尔曼躺在病床上，祝福阿尔伯特和米列瓦婚姻幸福。父亲的死，让阿尔伯特伤心欲绝，觉得自己辜负了父亲和家人。这种感觉一直伴随他终生。他的秘书海伦·杜卡斯（Helen Dukas）写道："许多年后，他依然能清晰地回忆起当时失去亲人的痛苦。他有一次还写到父亲的死是他所经历的最深的打击。"[34]尤其是玛雅还痛苦地回忆道："家庭的厄运使他（父亲）想都不敢想，两年后他的儿子就会为他将来的成就和声名打下基础。"[35]

1903年1月，爱因斯坦终于觉得稳定了下来，可以和米列瓦结婚了。一年后，他们的儿子汉斯降生了。爱因斯坦在伯尔尼安顿了下来，做着个下等小职员的工作，为人夫，为人父。他的朋友大卫·来辛斯坦（David Reichinstein）清楚地记得去爱因斯坦家看到的情况："地毯刚刚刷过，挂在门厅里晾着，公寓的门开着，好让地板快点干。我走进了爱因斯坦的房间。只见他一手晃着摇篮，嘴里叼着一根极其劣质的雪茄，另一只手拿着本书。炉子冒出呛人的烟气。"[36]

为了多挣点钱，他在地方报纸上登了则广告，提供"数学和物理私人辅导"。[37] 这是爱因斯坦的名字第一次出现在报纸上。一个罗马尼亚籍的犹太人学生莫里斯·索洛文（Maurice Solovine）是第一个对广告作出回应的人。他是学哲学的。爱因斯坦惊喜地发现和索洛文谈论空间和时间问题，他都能作出很好的回应。为了使自己不被隔离在物理学的主流之外，爱因斯坦想到自己可以成立一个非正式的学习小组。他将这个小组戏称为"奥林匹亚学院"。小组成员一起探讨当时的重大问题。

事后看来，在这个小组中的一段时间，是爱因斯坦一生中最幸福的时光。当年他们一伙人贪婪地吸收当时最新的科学进展，大胆地发表言论。几十年后，当他回忆起这一切，眼睛就放出光彩。他们激昂嘈杂的辩论充满了苏黎世的咖啡馆和啤酒摊。当时一切似乎都是可能的。他们天真地宣布："伊壁鸠鲁①的话正适合我们：'美哉，乐而贫！'"[38]

他们尤其热衷于讨论恩斯特·马赫（Ernst Mach）的成果。他是位有些招人厌的维也纳物理学家兼哲学家，对任何提出超越了人类所能感知的事物的物理学家都提出了挑战。马赫在《力学》（*The Science of Mechanics*）这本非常有影响的书中提出了他的一系列理论。他对原子的概念不屑一顾，认为那超

---

① 伊壁鸠鲁：古希腊哲学家，于公元前306年在雅典创立了其颇具影响力的伊壁鸠鲁学派。——译者

越了测量的尺度，根本就没有办法去认识。不过，马赫的理论中最吸引爱因斯坦的，是他对以太和绝对运动观念的批评。在马赫看来，牛顿学说的大厦其实是建立在沙层上，因为绝对空间和绝对时间的概念永远无法测量。他认为相对运动可以测量，而绝对运动则无法测量。谁也没有找到过决定了行星恒星运动的绝对参考系，谁也没有找到过哪怕是一丁点的能够证明以太存在的证据。

1887年，阿尔伯特·迈克耳孙（Albert Michelson）和爱德华·莫雷（Edward Morley）做了一系列实验，试图用最精密的测量来寻找以太的属性，结果表明牛顿学说存在致命的缺陷。他们分析，地球在以太中运行，会造成"以太风"，因此光速也会因地球的运行方向而变化。

大家可以试着考虑一下在有风的情况下跑步的情形。如果是顺风，那么就会受到风的推动。这样会跑得更快。如果是顶风跑，那么速度就会变慢。而如果侧着，与风吹的方向呈90°跑，身体就会被吹向一侧。关键的问题是，跑步的速度会因为和风向的关系而发生变化。

迈克耳孙和莫雷设计了一个很聪明的实验，将一束光线分成两束，两束光线相互之间呈直角。通过镜片将光线反射回到光源，让两束光相互干扰。整个器械小心翼翼地安置在液态水银上，使它可以自由转动。器械非常敏感，可以测到外面驶过的马车的动静。根据以太理论，这两道光应该以不同的速度运动。比如，一道光线如果是顺着地球运动方向，那么另一道就是与地球所造成的以太风呈90°。这样一来，当两束光返回到光源时，其波动就不同步了。

让迈克耳孙和莫雷倍感惊奇的是，他们发现所有光线的速度都是同样的，不论测量装置指向什么方向。这很让人怀疑，因为这就意味着根本不存在以太风，而且光速恒定不变，不论他们将测量装置朝向哪里都一样。

这一下，物理学家就只剩下两个选择了。一个，是地球相对于以太是绝对静止的。这一选择似乎违背了自从哥白尼以来所有的天文学发现。哥白尼发现地球在宇宙中的位置没有什么特别的。其二，是人们应该抛弃以太理论和牛顿学说。

许多人作出了巨大的努力去拯救以太理论。其中最接近解决了这一谜题的是荷兰物理学家亨德里克·洛伦兹（Hendrik Lorentz）和爱尔兰物理学家乔治·菲茨杰拉德（George Fitz Gerald）。他们分析地球在以太中运行，被以太风压缩，因此迈克耳孙-莫雷实验中所有的尺子也都被压缩了。本来以太的属性就够多的了：肉眼看不见、不可压缩、极度致密等，这已经够神秘的了。现在，它又多了一重属性：它可以通过穿越原子而对其进行压缩。这就能很容易地解释实验得出的反面结论。在此解释中，光速实际上是变化的，但是我们永远无法测出这种变化，因为一旦我们试图使用尺子来测量，光速也确实变化了，但尺子会沿着以太风的方向缩短，而且缩短的量不多不少，正好是光速的变化量。

　　洛伦兹和菲茨杰拉德各自独立测出了缩短的量，人们称之为"洛伦兹-菲茨杰拉德压缩"。不论是洛伦兹还是菲茨杰拉德对这个结果都不满意。这只是权宜之计，是对牛顿学说的小修小补，但他们也就只能做到这一步了。愿意接受洛伦兹-菲茨杰拉德压缩的物理学家也不多，这只是个临时的理论，是给越来越不受人待见的以太理论打圆场的。在爱因斯坦看来，以太理论近乎神奇的属性，看起来存在太过人工和做作的痕迹。此前，哥白尼已经打破了托勒密的地心说。根据地心说，行星要沿着称作"本轮"的极其复杂的轨道运行。根据类似奥坎姆的剃刀理论①这样的原则，哥白尼把托勒密地心说中复杂的本轮概念剔除掉，把太阳置于太阳系的中心位置。

　　爱因斯坦就要学着哥白尼的样子，通过奥坎姆的剃刀，把以太理论剥离掉。而且他是利用童年时的一幅图景做到这一点的。

――――――――――

　　① 奥坎氏简化论：科学及哲学中的规则，实体不应被不必要地增加。它被释义为两种或多种竞争性理论中，最简单者最可取；未知现象的解释应首先建立在已知的东西上。也作 law of parsimony "奥坎姆的剃刀"（Occam's razor）：最简单的假设是最好的。――译者

第3章 相对论和"奇迹年"

受马赫对牛顿理论批评的启发，爱因斯坦回忆起了自从16岁起就一直萦绕在他脑际的一幅图景：伴随光线向前运动。他回到了在苏黎世理工学院作出的那个令人惊奇同时又极其重要的发现，即根据麦克斯韦的理论，不论如何测量，光速应该是不变的。多年来，他一直搞不明白为什么会这样。因为根据牛顿学说，正常情况下我们总能赶上运动的物体。

我们可以再次回顾一下警车追赶超速驾驶员的情景。如果警官开得足够快，他就能追上汽车驾驶员。凡是因超速吃过罚单的人都知道这一点。但是如果我们把超速的驾驶员换成一束光线，而且有个旁观者看到了整个过程，那么观察者就会得出结论说警官一直跟着光线运动，几乎和光线一样快。我们很自信地认为警官和光线并驾齐驱。但是随后，询问一下警官，我们却会听到很奇怪的说法。他会说他根本就没有像我们看到的那样和光线并驾齐驱，而是看到光线从他身边绝尘而去。他说不论他把油门加到多大，光线都是以同样的速度从他身边逃逸开。事实上，他发誓说他根本就追不到光的一丝毫毛。不论他开多快，光线都是以光速从他身边逃逸，就好像他一直是静止一样，而不是坐在高速行驶的警车中。

但是当我们坚持说看到了警官和光线跑得并驾齐驱，几乎就要赶上了，他会说我们疯了。他根本就没能靠近光线。对爱因斯坦来讲，这一情景就是核心的，最让他放不下的问题：两个人对于同一件事，为什么会有如此不同的经历？如果光速真的是自然界中的一个常数，那么目击者怎么会发誓说他看见警官和一束光线并驾齐驱，而警官却说他根本没能靠近光线？

爱因斯坦此前已经意识到，牛顿学说所描述的图景（速度可以相加相减）和麦克斯韦理论描述的图景（光速是一常数）完全相抵触。牛顿学说是一个自给自足的理论体系，建立在少数几个假设上。如果其中的一个假设发生了变化，就会掀翻整个理论体系，这就像毛衣的线头一旦脱落，整件毛衣都会拆散一样。这次，破开的线头就是爱因斯坦想象的和光线赛跑的图景。

1905 年 5 月的一天，爱因斯坦去看同在专利局工作的好友米凯尔·贝索，把整个困扰了他 10 来年的问题告诉了他。贝索是他的各种想法的好听众。爱因斯坦提出了这么一个问题：物理学的两大柱石，即牛顿力学和麦克斯韦方程，是不兼容的。二者必有一个是错的。不论是其中的哪个理论被证明是正确的，最终的结论将在很大程度上重组物理学的理论体系。他一遍又一遍地考虑和光线赛跑的悖论。爱因斯坦后来回忆道："狭义相对论的理论来源，已经蕴含在这一悖论里了。"[1]他们探讨了好几个小时，讨论了这一问题的各个方面，包括牛顿的绝对空间和绝对时间概念，这和麦克斯韦的光速恒定的理论相左。最终，爱因斯坦累坏了，他宣布认输，不再考虑这个问题了。但是这也没用。他还是不停地想到这个问题。

虽然他非常沮丧，但是晚上回到家，问题还是在他脑子里打转。他特别地想起了在伯尔尼开车，回头看城市中心的钟楼。突然他想到，如果他开车以光速驶离钟楼，会发生什么情形。他立即认识到，钟表看上去会静止不动，因为光已经无法追上他驾驶的车子，但是他自己的表，由于在车子里，还会照常转动。

问题解决的关键突然就映入了他的脑海。爱因斯坦回忆道："我的头脑中刮起了一场风暴。"[2]答案简单而优美：在宇宙的不同地方，时间的速率不同，这取决于我们运动的速度。假设在宇宙空间的不同位置放置有钟表，每一个的时间都不一样，每一个都以不同的速率跳动。地球上的 1 秒钟和月球或木星上的 1 秒钟并不一样长。我们运动的速度越快，时间就越慢。（爱因斯坦曾开玩笑说在相对论中，他在宇宙的每一个角落都放置了一个钟表，每一个都以不同的速度转动，但是在现实生活中，他连一块表也买不起。）这意味着在某一个参考系中同步的事件，到了另一个参考系中就未必同步了。这一点和牛顿的看法不同。最终，他找到了"上帝的思想"。后来，他兴奋地回忆道："想到我们关于空间和时间的观念以及法则，只能相对于我们的经验而言才是成立的，我立即就想到了解决的办法……通过把同时性的概念修订得更具适应性，我就得到了相对论。"[3]

例如，回想一下在驾车者的悖论中，警官和光速跑了个并驾齐驱，但警官自己却说光线是以光速从他身边逃逸的，不论他把车子开得多快都是一样。要想将这两幅图景统一起来，就必须让警官的大脑思维慢下来。时间对于警官来说减慢了。如果我们能从路边看到警官的手表上的时间，我们会看到表几乎停止了走动，而他的面部表情也似乎在时间中凝固了。因此，从我们的角度看，会看到他和光线跑了个并驾齐驱，但是他的表（以及他的大脑）却接近停止。此后我们询问警官的时候，他会说看见光线从他身边逃逸，这只是因为他的大脑和表都变慢了。

为了充实这一理论，爱因斯坦还引入了洛伦兹-菲茨杰拉德压缩（the Lorentz-Fitz Gerald contraction）的概念，只不过在相对论中，被压缩的是空间，而不是像洛伦兹和菲茨杰拉德所想象的是原子。（空间压缩和时间膨胀结合在一起产生的效用，现在称作"洛伦兹变换"。）这样一来，他就可以完全抛开以太理论。在总结自己通往相对论的道路时，爱因斯坦写道："麦克斯韦给我的启发胜于任何人。"[4] 显然，虽然他隐约知道迈克耳孙-莫雷实验，但相对论的灵感并不是来自以太风，而是直接来自麦克斯韦方程。

爱因斯坦想清楚了这个问题后的第二天，去了贝索家。进门连招呼也没打就说："谢谢你，我完全解决了那个问题。"[5] 事后他骄傲地回顾说："我的解决办法是对时间概念进行分析。时间不能是绝对的，而且时间和信号速度之间有不可分割的关系。"接下来的 6 个星期里，他全力以赴，把自己的绝妙想法的各个细节都给出了数学证明，最终产生了人类历史上最重要的科学论文之一。据爱因斯坦的儿子介绍，写完论文后，他把论文交给米列瓦检查是否有数学错误，自己躺在床上一睡就是两星期。最终论文题目是《论运动物体的电动力学》，手写稿仅仅有 31 页纸，但却改变了世界的历史。

在论文中，他只是对米凯尔·贝索表达了感激之情，而没有向任何其他物理学家致谢。（爱因斯坦了解洛伦兹在此问题上早期所做的工作，但他此时并不了解洛伦兹收缩，而且爱因斯坦自己也独立发现了这一现象。）该论文最终发表于《物理学杂志》（*Annal-en der Physik*）1905 年 9 月的第 17 卷。实际上，在这个杂志著名的第 17 卷上，爱因斯坦发表了三篇开创性的论文。他的同事马克斯·博恩（Max Born）写道：第 17 卷是"全部科学文献中最著名的一卷。其中收入了爱因斯坦的三篇论文，每一篇的题目都不同，而且现在看来，每一篇都是经典"。[6]（该卷杂志曾在 1994 年的一次拍卖会上创下 15000 美元一本的价格。）

爱因斯坦开门见山，论文开头就声明他的理论不仅是用来解释光的，而是针对整个宇宙的。最令人惊叹的是，他的所有成果，都是根据惯性系统（即以相对恒定的速度运动的物体）的两个简单原理推导出来的。

1. 物理学原理在所有惯性系统中是一致的。

2. 光速在所有的惯性系统中都是一个常数。

这两个表面上非常简单的原则，标明了自牛顿以来人类对宇宙本质的最深刻的洞察。自此，我们就能推导出一个全新的空间和时间图景。

首先，爱因斯坦以其大家手笔，巧妙地证明如果光速确实是自然界的常数，那么最通常的解决方案就是洛伦兹变换。然后，他证明麦克斯韦方程也确实遵循这一原则。最后，他证明速度以不同寻常的方式相加。虽然牛顿通过观察航船得出结论说速度可以无限制地相加，爱因斯坦却得出结论说光速是宇宙中速度的上限。设想一下，假如我们现在坐在火箭中，以光速的 90% 飞离地球。现在从火箭中射出一颗子弹，子弹的速度也是光速的 90%。根据牛顿学派的物理学家的理论，子弹的速度就应该是光速的 180%。但是爱因斯坦却证明，由于尺子在缩短，时间在减慢，这两者的和其实是接近光速的 99%。爱因斯坦还证明，不论我们多么努力，都不可能加速到与光速相同。光速是宇宙中速度的上限。

在我们个人的经历中，从来也没看到过这样奇怪的事情，那是因为我们从来没有以接近光速的速度运动。对于日常的速度来说，牛顿的定律就足以解释一切。所以，人们为了找到牛顿的定律的第一个修正，花了 200 多年的时间。但是现在我们来假设光速只是每小时 30 千米。如果一辆车沿着街道开过去，看上去它就像沿着前进的方向收缩了，缩得像个手风琴，也许只有3厘米长。不过其高度并未改变。由于车里的人也收缩到了不到3厘米，我们以为他们会大声呼叫，因为他们的骨头都被压碎了。可实际上，乘客一点问题都没有，因为车辆中的一切，包括他们身上的原子，都同样压缩了。

随着车子慢慢停下来，它又会慢慢从3厘米变成3丈长，里面的乘客正常走出来，好像什么也没发生一样。那么到底谁被压缩了？是我们还是车。根据相对论，我们无法说清这一点，因为长度的概念不是绝对的。

现在回顾一下，也有其他的科学家近乎发现了相对论。洛伦兹和菲茨杰拉德发现了同样的收缩，但是他们对于实验结果的理解完全错了，以为那是因为原子产生了电磁变形，而没有看出那是空间和时间的微妙转换。另外一个是亨利·庞加莱（Henri Poincare），他被认为是法国当时最伟大的数学家。他也接近了相对论。他认为在所有的惯性系统中，光速必须是一个常数，甚至还证明在洛伦兹变换下，麦克斯韦方程依然成立。然而，他也没能抛开牛顿学说关于以太的观点，认为这些扭曲只不过是电磁现象。

爱因斯坦却更进了一层，向前迈出了关键的一步。1905年，他写了一篇小论文，简直和一篇脚注差不多的篇幅，却将改变世界历史。如果尺子和钟表会随着运动速度加快而扭曲，那么使用尺子和钟表测量的对象也会改变，包括物质和能量。事实上，质量和能量可以相互转换。例如，爱因斯坦证明某一物体的质量会随着运动速度的加快而增加。（实际上，如果能达到光速，其质量就会达到无限大——当然这是不可能的，这就从反面证明了运动物体无法达到光速。）这就意味着，动能通过某种形式转化成了物体的质量。因此，质量和能量就是可以相互转换的。假如我们精确计算一下到底多少能量转换成了质量，只需几步就能证明 $E = mc^2$。这个方程式是人类有史以来最著名的方程式。由于光速非常大，其平方就更大了，这就意味着很小一点物质就能释放出巨大的能量。例如，几茶匙的物质，就包含有好几颗氢弹的能量。事实上，像房子那么大的物质，其蕴藏的能量就有可能将地球炸成两半。

爱因斯坦的公式不仅是学术发现，因为他相信这一公式可以解释玛丽·居里的令人迷惑的发现：仅仅 28 克的镭，就能无休止地每个小时释放出 16 千焦的热量。这一现象似乎违背了热力学第一定律（该定律指出总能量是恒定的，而且不会消失）。爱因斯坦结论说镭在放射出能量的同时，会有轻微的物质的损耗（这个量太小了，使用 1905 年的设备无法测出来）。他写道："这个想法很有趣，很迷人。但是造物主究竟是笑话它，还是在引领我走向正确的道路，我就不得而知了。"[7] 他最后说对于他的想法的直接证明"在此时此地似乎远远超出了人类的经验范畴"。[8]

为什么这种蕴藏的能量以前没有人注意到呢？对此，他解释说这种能量就好比是一个十分富有的人，为了不露富一个子儿也不花，因此长期以来无人察觉。

他的一个学生班诺什·霍夫曼（Banesh Hoffman）写道："想象一下跨出这一步所需的勇气……地球上的每一块土，每一根羽毛，每一粒灰尘，都会变成巨大的能量库。当时没有任何手段能够证明这一点。不过在 1907 年展示自己的方程式的时候，爱因斯坦将这比作相对论最重要的结果。他的方程式直到大约 25 年后才得以证明，更是说明了他罕有的远见。"[9]

相对论又一次迫使经典物理学进行大规模的修正。此前，物理学家相信能量守恒定律，即热力学第一定律，认为系统的总能量既不能被创造，也不能被消灭。现在，物理学家认为守恒的是总的物质和能量之和。同一年，爱因斯坦的大脑毫不停歇，继续探讨了另一个问题：光电效应。1887 年，海因里希·赫兹注意到如果有光线照射到金属上，在某些情况下，就会产生微弱的电流。就是这一原理，支撑着现代电子产品的大半江山。太阳能电池将阳光转变成电流，电流又可以被用来驱动计算器。电视摄像机将被摄物体的光变成电流，最终显示在电视机屏幕上。

不过，在 19 世纪和 20 世纪之交，这一切还都是一个谜。看起来，似乎是光线把金属中的电子碰撞出来了。但是，是如何碰撞出来的呢？牛顿认为光是由微小的粒子组成的，他将这种粒子叫做"微粒"（corpuscles）。但是物理学家坚信光是一种波，而根据经典的波动理论，其能量和波动频率无关。例如，虽然红光和绿光的频率不同，但其能量应该是一样的。这样一来，当它们撞击到金属，就应该激发出同样能量的电子。与此类似，经典波动理论还说如果通过增加灯泡的数量来增加光的亮度，那么撞击出的电子的能量也应该增加。然而菲利普·勒纳德（Philipp Lenard）的研究却证明激发出的电子的能量只和光的频率，即光的颜色有关，而和光的亮度无关。这就违背了波动理论的预言。

　　爱因斯坦利用由马克斯·普朗克（Max Planck）在柏林于1900年新发现的"量子理论"来解释光电效应。普朗克对于经典物理学最激烈的背叛，是假设能量不是像液体一样平滑，而是蕴含于确定的、离散的小包中，这种包称作"量子（quanta）"。每个量子的能量和其频率呈正比关系。这种正比关系常数是自然界的新的常数，现在称作"普朗克常数"。原子和量子世界之所以看上去那么奇怪，是因为普朗克常数太小了。爱因斯坦分析如果能量蕴含在离散的包中，那么光也必然是量子化的。[爱因斯坦提出的"光量子（light quanta）"后来于1926年被化学家吉尔伯特·刘易斯（Gilbert Lewis）称作"光子（photon）"。] 爱因斯坦分析，如果光子的能量和其频率成正比关系，那么金属激发出的电子的能量也会和光的频率成正比关系，这和经典物理学相违背。[需要指出，比较滑稽的是，在颇受欢迎的电视剧《星际旅行》（Star Trek）中，"企业号"飞船上的船员向敌人发射一种"光子鱼雷"的武器。而实际上，最简单的光子鱼雷发射器是手电筒。]

爱因斯坦提出的量子化的光的新图景，产生了一个直接的预言，该预言可以经由实验证实。通过提高射入光的频率，我们应该能够测出金属发出的电流的电压平缓上升。这一历史性的预见（最终为他赢得了诺贝尔物理学奖）于 1905 年 6 月 9 日发表，论文的题目是《关于光产生和转换的一个启发性观点》（On a Heuristic Point of View Concerning the Production and Transformation of Light）。随着该论文的发表，光子和光量子理论产生了。

在 1905 年这个奇迹年（miracle year）中，爱因斯坦还有另外一个发现。这一发现探讨的是原子的问题。虽然原子理论对于确定气体或化学反应的属性非常成功，但人们却无法直接证明原子的存在。马赫以及其他一些批评者特别喜欢纠缠这一点。爱因斯坦推导说人们可以通过观察原子对于液体中微小粒子的作用来证明原子的存在。例如，"布朗运动"指的是悬浮在液体中的粒子的细微随机的运动。1828 年，植物学家罗伯特·布朗（Robert Brown）用显微镜看到了微小的花粉粒的奇怪的随机运动。起初，他觉得这种曲曲弯弯的运动有点像男性精子细胞的运动模式。但是他发现这种奇怪的异常行为也见于玻璃或花岗岩的微粒。

有人猜测布朗运动是由于分子的随机压力造成的，但是谁也无法为之提出合理的理论。而爱因斯坦则迈出了关键的下一步。他分析虽然原子太小了，观察不到，但是我们可以通过计算其对较大对象产生的累积影响而估计其大小和行为模式。假如我们真的相信原子理论，那么使用这一理论就应该能通过分析布朗运动来计算原子的尺寸。通过假设数以万万亿的水分子随机相撞，造成了灰尘粒子的随机运动，他能够计算出原子的大小和质量，由此给出了原子存在的实验证据。

最令人惊奇的是，爱因斯坦通过简单的显微镜来观察，就能计算出 1 克氢包含有 3.03×10^{23} 个原子，这与正确的数值相当接近。他写作的论文的题目是《热的分子运动论所要求的静液体中悬浮粒子的运动》（7 月 18 日）。这一篇简单的论文实际上是给出了原子存在的第一个实验证据。（可惜，在爱因斯坦计算出原子的大小之后一年，原子理论的先驱物理学家路德维希·玻尔兹曼（Ludwig Boltzmann）自杀了，部分原因是人们对他探索原子理论而不断嘲笑他。）爱因斯坦写完这四篇历史性的论文后，他还向阿尔弗雷德教授提交了一份自己早期探讨分子大小的论文作为自己的学位论文。当晚，他和米列瓦喝醉了。

起初，他的论文被退回了。但是 1906 年 1 月 15 日，爱因斯坦最终被苏黎世大学授予博士学位。现在他可以称自己为爱因斯坦博士了。这一新物理学的诞生地，就是爱因斯坦在伯尔尼克拉姆街〔即"杂货街"（Kramgasse）〕49 号的家。（现在，这里称作"爱因斯坦故居"。从街对面看着这所房子漂亮的凸窗，可以看到一个牌子，上面写着一句话，说相对论就是透过这扇窗子创立的。另一面墙上挂着一幅原子弹的图片。）

由此看来，1905 年确实是科学史上的"奇迹年（annus mirabilis）"。另一个可以与之相比的奇迹年，是在 1666 年。当时 23 岁的艾萨克·牛顿创立了万有引力定律、积分和微积分、二项式定理以及光的色散理论。

在 1905 年结束的时候，爱因斯坦奠定了光子理论的基础，证明了原子的存在，颠覆了牛顿物理学的大厦。其中的任何一项成就都值得全世界为之赞叹。不过，他本人却对随之而来的平静感到异常的失望。似乎他的工作完全被人忽视了。失意的爱因斯坦继续他在专利局的工作，一边抚养孩子，一边埋头于专利局的活计。或许想做物理学新理论的先驱的想法纯粹是白日梦。

然而，到了 1906 年初，第一个回应引起了爱因斯坦的注意。他只收到了一封信，但却是来自或许是当时最重要的物理学家——马克斯·普朗克。普朗克当时立即就理解了爱因斯坦的研究所蕴含的重大意义。普朗克之所以注意到相对论，是因为它将光速上升为自然界的基本常数。比如说，普朗克常数将经典的世界和亚原子的量子世界分隔开。我们注意不到原子的奇怪属性，是因为普朗克常数太小了。与此类似，普朗克感觉到爱因斯坦将光速变成了自然界的新的常数。对于同样奇怪的宇宙物理学之所以了解甚少，就是因为光速太大了。

在普朗克看来，这两个常数，即普朗克常数和光速，给常识世界和牛顿物理学划定了界限。由于普朗克常数太小，而光速太大，我们无法看到物理现实的奇怪本质。如果说相对论和量子理论违背了常识，那是因为我们只是生活在宇宙的一个小小的角落里。在这个角落里，速度和光速相比很低，而物体的尺寸与普朗克常数相比却很大。不过，自然界可不在乎我们的常识。宇宙自然，是以经常以光速运动且遵循普朗克公式的亚原子粒子为基础的。

1906年夏，普朗克派他的助手马克斯·冯·劳厄（Max von Laue）去见这位不为世人所知，却对艾萨克·牛顿的学术遗产提出了挑战的公务员。他们约好在专利局见面。有趣的是，他们擦肩而过，却相互都没有认出对方。因为冯·劳厄心里期待的是见到一位很有威严的人。当爱因斯坦终于向他自我介绍的时候，冯·劳厄万分惊讶：原来眼前的衣着随意的公务员就是爱因斯坦。他们从此结下了毕生的友谊。（不过，冯·劳厄品评雪茄烟的眼光却非常之好。碰上劣质雪茄一眼就能认出来。爱因斯坦递给了他一根雪茄。冯·劳厄则趁他没注意，在经过阿勒河上的一座桥的时候把它扔到了河里。）

由于马克斯·普朗克的引介，爱因斯坦的研究渐渐得到了物理学家的注意。有趣的是，爱因斯坦在苏黎世理工学院上学时的一位教授，当年常因为他逃课而称他为"懒骨头"的，此时对原来的学生的研究产生了浓厚的兴趣。这个人就是数学家赫尔曼·闵可夫斯基。他对相对论进行了深入研究，进一步完善了其方程式，试图以公式来证明，在爱因斯坦的相对论中，空间和时间随着运动速度的变化而相互转换。闵可夫斯基将理论以数学语言表达了出来，并得出结论说空间和时间构成了四维的统一体。突然间，所有的人都开始讨论第四个维度。

比如说，在地图上，两个坐标（纵和横）就能确定一个点的位置。如果再加一个维度，即高，就能在空间中确定任意的位置，不论这个位置在眼前，还是在宇宙的边缘。因此我们周围的可见的世界是三维的。H. G. 韦尔斯（H. G. Wells）等作家提出，也许我们可以把时间看作是第四个维度，这样任何事件只要给出了空间的三维坐标和时间，就能精确定位。因此，如果我们想在纽约见某个人，就可以说，"中午的时候在 42 街和第五大街街角的二十层见"。4 个数就能确定一个事件。但是韦尔斯提出的四维只是一种想法，没有任何的数学和物理学内涵。

闵可夫斯基重写了爱因斯坦的方程式，提出了巧妙的四维结构，将空间和时间永远地组织到了一起。闵可夫斯基写道："从此，独立的空间和时间消失了，只有二者某种形式的结合才能确定独立的现实。"[10]

起初，爱因斯坦对此不感兴趣。而且他甚至还嘲弄道："重要的是内涵，而不是数学。数学什么都能证明。"[11] 爱因斯坦认为相对论的核心是物理学原理，而不是漂亮却无意义的四维数学公式。他将其称作

"花哨的学问（superfluous erudition）"。[12]在他看来，核心问题是提出清晰、简单的图景（例如火车、下降的电梯、火箭），之后再考虑数学问题。事实上，对于这个问题，他认为数学只是在记录此图景中发生的事件所需的工具。

后来爱因斯坦曾半开玩笑地写道："由于数学家曾经攻击相对论，我就再也不懂相对论了。"[13]不过，随着时间的推移，他开始感激闵可夫斯基的研究的价值，以及其蕴含的深厚哲学含义。闵可夫斯基所表明的，是通过使用对称原理，能够将看似不同的两个概念统一起来。空间和时间现在被看作同一对象的不同状态。与此相似，能量和物质，以及电和磁，也可以通过第四维度联系起来。通过对称理论实现统一成了爱因斯坦此后研究的指导原则。

比如，可以考虑一下雪花。如果把雪花转60度，它看上去还是一样的。在数学上，我们将这种旋转后还一样的物体称作"协变"（covariant）。闵可夫斯基表明爱因斯坦的方程式和雪花类似，当空间和时间作为四维对象旋转后，也是协变的。

换言之，一个新的物理学原则诞生了，而且它进一步完善了爱因斯坦的研究工作：物理学方程式必须是洛伦兹协变（即在洛伦兹变换状态下保持同样的形态）。爱因斯坦后来承认，如果没有闵可夫斯基的四维数学，"相对论仍将处于襁褓之中"。[14]这一四维物理学最妙的地方，就是它使物理学家可以把所有和相对论有关的方程式压缩为一个精练的方程式。例如，所有的工程学和物理学专业的学生在初次学习麦克斯韦的一连串 8 个方程式的时候，都觉得它们奇难无比。但是闵可夫斯基的新的数学方法将麦克斯韦方程化解成了两个。（事实上，人们可以证明，使用四维数学，麦克斯韦方程是描述光的所有可能找到的方程式中最简单的一种。）物理学家第一次开始体会到对称性在物理学方程中的作用。当物理学家讨论起物理学的"优美"时，他们所说的就是对称性可以将许多不同的现象和概念统一成一个非常紧凑的形式。方程式越是优美，它就包含越多的对称性，也就能以最短的形式解释更多的现象。

因此，对称性能够使我们将彼此毫无联系的现象统一成和谐的整体。例如，雪花旋转，就使我们看到了雪花的每个角所具有的统一性。四维空间的旋转将空间和时间的概念统一在一起，随着速度的变化，使空间和时间相互转换。对称性这一优美的概念，能将看似毫无相似之处的对象联系成和谐的整体。它指导着爱因斯坦此后 50 年的研究。

然而，爱因斯坦在完成了狭义相对论的理论探索后，却对其失去了兴趣，转而热衷于研究另一个更深奥的问题，即重力与加速度的问题。这一问题似乎超出了狭义相对论的范畴。爱因斯坦创立了相对论，但和任何疼爱自己的孩子的家长一样，他立即就意识到了自己孩子——狭义相对论——的潜在缺陷，并试图修正它。（本书后面会详细介绍这一关节。）

同时，实验证据开始验证他的一些想法，使他在物理学界越来越受人重视。人们重复了迈克尔逊-莫雷实验，每次都得到同样的负面结果，这使人们越来越怀疑以太理论。同时，光电效应的实验证明了爱因斯坦的方程式成立。1908年的高速电子实验似乎证明了随着电子速度的增加，其质量也增加。爱因斯坦受到越来越多实验证据的鼓舞，于是向附近的伯尔尼大学申请讲师（privatdozent）的教职。这一职位低于教授，但好处是他还可以继续干专利局的差使。他提交了自己的相对论论文和其他发表的论文。起初，系主任佛斯特（Aime Foster）拒绝了他，理由是相对论让人无法理解。不过他第二次应聘成功了。

　　1908年，越来越多的证据表明爱因斯坦对物理学作出了重大突破，苏黎世大学开始认真考虑授予他更重要的职位。不过他面对的竞争也很激烈。竞争来自一个老相识弗里德里希·阿德勒（Friedrich Adler）。两个候选人都是犹太人，这对他俩都是一个障碍。不过阿德勒的父亲是奥地利社会民主党的创始人。苏黎世大学的好多员工都很同情他。因此看来爱因斯坦似乎要与这个职位失之交臂了。不过，奇怪的是，阿德勒本人却强烈建议爱因斯坦担当这一职务。他特别善于观察人的性格，对爱因斯坦一点也没看错。他说爱因斯坦作为物理学家具有超乎寻常的能力，但他指出："爱因斯坦当学生的时候受到了教授们的轻慢……他根本就不懂如何与大人物搞好关系。"[15]多亏了阿德勒的自我牺牲精神，爱因斯坦才获得了这一职位，开始大步流星迈向学术阶梯的顶端。他此时已经回到了苏黎世，不过身份已经是教授了，不再是原来那位失意落魄，没有工作，不合时宜的物理学家。他在苏黎世找了一所公寓，结果惊喜地发现阿德勒就住他楼下。他们成了好朋友。

1909年，爱因斯坦在参加的第一个重要的物理学会议上做了第一个讲座。到场的有许多名人，其中包括马克斯·普朗克。他的发言题目是"关于辐射的本质和构造的观点的发展（Development of Our Views on the Nature and Constitution of Radiation)"。在发言中，他特别向世人提出了 $E = mc^2$ 这一公式。爱因斯坦饮食一向节俭，对会议招待的丰盛感慨颇多。他回忆道："宴会是在国家大饭店举行的，这是我一生中所参加的最豪华的宴会。我不禁对坐在我旁边的一个日内瓦贵族说：'要是卡尔文[①]在这儿会作何感想？……他会支起一个大烤架，把我们全都烤在上面，以惩罚我们的奢侈。'结果那人再也没有跟我说一句话。"[16]

爱因斯坦的讲话第一次清晰地表述了物理学中的"二重性"概念，即光具有双重属性，既具有麦克斯韦在19世纪所揭示的波动性，也有牛顿所提出的粒子性。人们究竟把光当作粒子还是波，取决于他所做的实验。在低能量实验中，光的波长很长，将其看作

---

① 约翰·卡尔文：(1509～1564)法裔瑞士新教神学家，他破除了罗马教会统治（1533年)，在今天为人所知的基督教学院（1536年)中将他自己的神学教义推向前进。——译者

波就更有用。而在高能量的光线中，光的波长非常小，将其看作粒子就更有用。这一概念〔后来又由丹麦物理学家尼尔斯·玻尔（Niels Bohr）发扬光大〕被证实是对物质和能量本质所作的最根本性的观察，并且是量子理论研究的最丰厚的资源。

爱因斯坦现在是教授了，不过生活方式还是随意闲适，不合主流。一个学生生动地记述了他在苏黎世大学做的第一次讲座："他穿着有些破旧的衣服走进教室，裤子太短，吊吊着。手里拿着一张名片大小的纸条，上面写着讲座提纲。"[17] 1910 年，爱因斯坦的儿子爱德华出生。爱因斯坦是个无休止的流浪汉，此时已经开始寻找新的教职了，而且这显然是因为当时所在的大学里的一些教授想把他挤出去。翌年，布拉格德国大学的理论物理学研究所（the German University of Prague's Institute of Theoretical Physics）给他提供了一份职位，薪水也加了。滑稽的是，他的办公室就在一座疯人院旁边。爱因斯坦在思考物理学的奥秘之际，经常怀疑疯人院里的人才是健全人。

同年，即 1911 年，在布鲁塞尔召开了第一届索尔维会议。该会议是比利时的实业家欧内斯特·索尔维（Ernest Solvay）赞助的，目的是表彰世界一流科学家的工作。这在当时是最重要的科学会议，爱因斯坦在这个会议上得以结识了当时物理学界的一些巨匠，并同他们交换看法。他见到了两度荣获诺贝尔奖的玛丽·居里，并结下了终身的友谊。他的相对论和光子理论是会议谈论的焦点。会议的主题是"放射与量子的理论"。

　　会议上所讨论的问题包括著名的"双生子佯谬"。爱因斯坦已经谈起过时间变慢所产生的一些奇怪的佯谬。双生子佯谬是物理学家保罗·朗之万（Paul Lan-gevin）提出的。这是一种思维实验，探讨的是相对论中的一些表面上看来似乎矛盾的问题。（当时的报纸上充斥着朗之万的花边新闻，说他自己婚姻不幸，且和当时已经寡居的玛丽·居里有染。）朗之万考虑的是地球上两个双生子的问题。其中的一个以接近光速的速度离开并返回地球。假如说地球上过去了50年，但是由于火箭中的时间变慢了，火箭上的那个双生子只增加了10岁。当两个双生子后来再见面的时候，他们的年龄就不匹配了，火箭上的双生子的年龄要小40岁。

　　然后我们再从火箭上的双生子的角度来看这个问题。从他的角度看，他没有动，是地球脱离开他，因此是地球上的双生子的钟表变慢了。当他们重新见面的时候，年龄长的应该是地球上的那个，而不是坐在火箭上的他。可是由于运动是相对的，那么问题就来了，到底哪个双生子会年轻一些？由于两个人的情景是对称的，这一谜题直到现在还让学习相对论的学生颇费踌躇。

　　爱因斯坦指出，这一问题的答案是火箭上的双生子更年轻，因为是他加速了。火箭必须减速、停下、转弯才能回来，这会给乘坐在上面的双生子带来很大的应力。换言之，两个人的情形并不对称。因为加速度只作用于火箭上的双生子，他会更年轻。这一因素狭义相对论没有包含进去。

（不过，如果火箭上的双生子永远不飞回来，这个问题会变得更加令人迷惑。在这一情形下，两人中的任何一方通过望远镜看对方，都觉得对方的时间变慢。由于此时情形是完全对称的，因此任何一方都确信是对方更年轻。同样的，任何一方也确信对方收缩了。那么，到底是哪个双生子更年轻、更瘦小？这个问题看上去很矛盾，可是在相对论中，两个双生子各自都比对方年轻，而且各自都比对方瘦，这是成立的。判断到底哪个更瘦小、更年轻的最简单的办法是把两个双生子带到一起，这就要把其中一个召回来。这一来，就能确定到底哪个是"真正"在运动的。

虽然这些颇费思量的问题在原子的层面，随着对宇宙射线和原子碰撞等的研究，都间接替爱因斯坦解决了，但是实际的效应由于过于微小，直到1971年才通过实验直接被观测到。当时用飞机载着原子钟高速飞行。由于原子钟的精度达到了天文学级别，科学家通过对比两个钟的时间，就能看出运动越快，时间就越慢，正如爱因斯坦所预计的那样。）

另一个佯谬说到的是两个物体，每一个都比另一个短。[18]假设一个猎人试图用一尺宽的笼子装一头一丈长的老虎。正常情况下，这是不可能的。假设老虎跑得非常快，身体收缩到了1尺，这样就能把笼子放下来，装下老虎了。老虎突然停下来后，会膨胀。如果笼子是网状的，老虎会撑破这个网。如果笼子是混凝土的，可怜的老虎就要给挤死了。

　　但是回过头来从老虎的角度来看看这个情况。如果老虎不动，那么笼子在运动，缩到了1尺的十分之一。这么小的笼子怎么能罩住一丈长的老虎呢？答案是随着笼子落下来，它会沿着运动方向收缩，这样它就变成了一个平行四边形，即被压缩了的正方形。笼子的两头不是同时碰到老虎的。在猎人看来是同时发生的事情，在老虎看来就不是同时的了。如果笼子是网状的，那么笼子的前端先碰到老虎鼻子，开始撕裂。随着笼子往下落，它继续沿着老虎的身子撕裂，直到后端碰到老虎尾巴。如果笼子是混凝土做的，那么最先挤扁的是老虎的鼻子。随着笼子下降，它接连顺着老虎的身子挤压，直到笼子末端碰到老虎尾巴。

　　这些佯谬还吸引了普通老百姓的兴趣，其中幽默杂志《笨拙》（Punch）就曾刊登过这么一首打油诗：[19]

> 曾经有位俏女郎，
> 名字就叫俏又靓，
> 跑起路来赛过光。
> 忽有一日出门走，
> 婀娜多姿"相对"状。
> 时光荏苒回家返，
> 到家却是昨晚上。

　　此时，他的好朋友马塞尔·格罗斯曼已经是苏黎世理工学院的教授。他传话给爱因斯坦，问他是否想回到母校任教，这回是请他做正教授。爱因斯坦收到的推荐信都极力称赞他。玛丽·居里写道："数学物理学家一致认为他所作的研究是一流的。"[20]

因此，在他到了布拉格 16 个月后，又回到苏黎世理工学院。此番回到苏黎世理工学院（从 1911 年起学校改名为瑞士联邦技术大学，英文名称是 the Swiss Federal Institute of Technology，简称 ETH），爱因斯坦已经是知名的教授。这标志着他个人的成功。他离开该大学的时候带着耻辱，当时还有像韦伯那样的教授百般阻挠他的职业生涯。回来时，他已经成了物理学新变革的领袖。同一年，他获得了第一次诺贝尔物理学奖的提名。可是他的思想对于瑞典学院的委员来说还是太激进，而且已获诺贝尔奖的人中也有人阻挠他被提名。1912 年，诺贝尔奖没有授予爱因斯坦，而是给了尼尔斯·古斯塔夫·达伦（Nils Gustaf Dalen），后者改进了灯塔照明。[现如今，灯塔基本上已经被卫星全球定位系统（GPS）取代了。GPS 系统的原理主要是基于爱因斯坦的相对论。]

接下来不到一年的时间里，爱因斯坦声誉日隆，他开始接到来自柏林的问询。马克斯·普朗克急于抓住这位物理学界升起的新星。德国当时在世界上处于物理学研究的领先地位，而德国物理学王冠上的明珠，就位于柏林。刚开始，爱因斯坦有些犹豫，因为他已经宣布放弃德国国籍，而且对自己青少年时期的经历仍存有不愉快的记忆。但是对方的条件非常诱人。

1913 年，爱因斯坦被选入普鲁士科学院，稍后又得到了柏林大学的教职。他甚至可以当威廉物理学研究所（Kaiser Wilhelm Institute for Physics）的主任。除了这些其实对他无所谓的头衔之外，有一个条件特别吸引他，那就是他无需承担讲课的任务。（虽然爱因斯坦讲课很受欢迎，他尤其是尊重爱护学生，但是教学会干扰他对广义相对论的研究。）

1914 年，爱因斯坦来到柏林，见到了他的同事。他们不停地打量他，弄得他有些不自在。爱因斯坦后来写道："柏林的先生们都就我会不会像母鸡下蛋那样接二连三得奖来打赌。而我自己都不知道自己还能不能下出更多的蛋来。"[21] 这位政治理念怪，衣着更怪的年届 35 岁的斗士，很快就必须学着适应普鲁士科学院僵化的上流学界习气。里面的成员相互都称"枢密官"或"阁下"。爱因斯坦后来开玩笑说："大多数人好像都把自己关在屋子里，写那些像孔雀尾巴一样华而不实的东西；除此以外，他们还倒蛮有人味的。"[22]

爱因斯坦从伯尔尼的专利局成功跃升到了德国科学研究的顶层，也不是没有付出个人的代价。随着他在科学界声名鹊起，他的个人生活也出现了波折。这期间是爱因斯坦最多产的时期，其研究成果将重写人类历史。为此，他付出了大量的时间，使他疏远了和妻儿的关系。

爱因斯坦写道和米列瓦生活在一起就像是住在墓

地之中。家里就剩他俩的时候，他也躲开她，不和她在同一个房间。婚姻关系出现了问题，到底是谁的错，他的朋友们分成了两个阵营。许多人认为米列瓦越来越孤僻，讨厌她那出了名的丈夫。米列瓦朋友见到她这些年苍老得那么快也非常吃惊。她说话越来越刻薄，越来越冷淡。即便是爱因斯坦和同事多待一会儿，她也嫉妒。有一次她看到一封安娜·施密德（Anna Schmid，她是在爱因斯坦在阿劳期间认识他的，后来她也嫁了人）写给爱因斯坦的贺信，大发雷霆，使他们本来就岌岌可危的婚姻出现了更大的裂痕。

另一方面，也有人觉得爱因斯坦远不是个完美的丈夫。他经常出门，把米列瓦扔在家里独自一人拉扯两个孩子。那时，出门旅行充满了艰辛。由于爱因斯坦不断需要出门，也耗费了大量的时间。他好不容易在家待一会儿，他俩也只是晚上有机会共进晚餐或是去剧院看戏。他过度沉迷于数学的抽象世界，很少能和妻子交流感情。更糟糕的是，她越是抱怨他不在家，他就越是醉心于自己的物理学。

也许我们可以说，支持他俩任何一方的朋友都有道理，而且试图指责他俩中的任何一个也没有意义。现在回头看去，他们的婚姻出现危机也是不可避免的。也许当他们的朋友多年前就说他俩不般配的时候，就说对了。

但是他俩最终散伙是在他接受了柏林的教职之后。米列瓦不想去柏林。这可能是因为她自己是斯拉夫人，一下子生活在满是日耳曼人的圈子里让她心有畏惧。更重要的是，爱因斯坦的许多亲戚都住在柏林，米列瓦不喜欢置身于他们的监督之下。她的公公婆婆不喜欢她也不是什么秘密。起初，米列瓦带着孩子和爱因斯坦去了柏林，但是她又突然去了苏黎世，把孩子也带走了。从那，他们就再也没破镜重圆。爱因斯坦特别钟爱自己的孩子，这一事件让他伤心至极。从那开始，为了能见到儿子，他就得时常花上10个小时从柏林赶往苏黎世。（当米列瓦最终获得对孩子的监护权时，爱因斯坦的秘书海伦·杜卡斯记录说他一路哭着回了家。）

但是让他们的婚姻最终破裂的另外一个原因，可能是爱因斯坦的一个在柏林的表姐越来越多地出现在他面前。他后来承认说："我的生活非常恬淡，但并不孤独。这多亏了起初吸引我去柏林的表姐的照顾。"[23]爱尔莎·罗温塔尔和爱因斯坦有双重的表亲。她母亲和爱因斯坦的母亲是姐妹，而她们的祖父则是兄弟。她当时已经离异，住在自己父母楼上（即爱因斯坦的姨妈和姨父），带着两个女儿，分别叫玛戈特和乌斯。1912年他短暂访问柏林期间，她和爱因斯坦见过面。那时，爱因斯坦已经清楚和米列瓦的婚姻无法维持了，离婚是不可避免的。不过，他担心离婚会对年少的儿子造成伤害。

在孩提时代，爱尔莎就对爱因斯坦有好感。她承认当爱因斯坦还是孩子的时候，她在听他演奏莫扎特的时候就爱上了他。但是，很显然，爱因斯坦更吸引她的，是他在学术界的地位迅速升高，全世界的物理学家都尊敬他。事实上，对于自己喜欢沐浴在他的星光之下这一点她毫不避讳。她和米列瓦的情况相似，也比爱因斯坦大。她大他 4 岁。但她们的相似之处也仅此而已。实际上她俩的差别简直就像南北极那样巨大。爱因斯坦从米列瓦身边脱身而走，显然是朝着另一个方向去了。米列瓦对自己的外表往往很不在乎，但爱尔莎却非常小资，很在乎阶级差别。在柏林的时候，她就开始结交知识分子，并且很骄傲地把爱因斯坦介绍给她上流社会的所有朋友。米列瓦生活简朴含蓄，又有些喜怒无常；爱尔莎则是个交际高手，出入于宴会厅和剧院之间游刃有余。米列瓦完全放弃了改造自己的丈夫，爱尔莎却更具母性，不断纠正他的举止，把全部的精力都用在帮助他实现自己的目标上。一位俄罗斯记者后来这样描写爱因斯坦和爱尔莎的关系："她对自己了不起的老公钟爱有加，随时准备保护他不受生活的干扰，保证他能有平静的心态去思考，使他头脑中的伟大想法成熟。她一心想的就是让他实现自己作为思想家的伟大目标，为此，她会给予他全部的温情。对于这个杰出大孩子，她以自己的母性和妻子的爱来呵护他。"[24]

1915 年米列瓦带着孩子愤而离开柏林后，爱因斯坦和爱尔莎的关系更近了。不过，爱因斯坦这一关键时期全力关注的，不是爱情，而是宇宙。

第二部 第二幅图景 弯曲的时空

第4章 广义相对论和"一生中最幸福的思考"

此时，爱因斯坦仍不满足。他已经被视作同时代顶尖的物理学家之一，但他仍静不下心来。他意识到自己的相对论中至少还有两个明显的漏洞。首先，它完全基于惯性运动。而在自然界中，几乎不存在惯性运动。所有的东西都处于加速状态：火车飞驰、树叶飘落、地球绕太阳公转、天体的运动等，都是加速的。相对论连地球上最常见的加速运动都解释不了。

其次，相对论没有涉及引力。相对论宣称是自然界普适的对称性，能适应于宇宙中的一切，然而引力却超出了它的范围。这也的确令人尴尬，因为引力无所不在。显而易见，相对论存在缺陷。由于光速是宇宙中速度的上限，相对论提到太阳上的扰动传播到地球需要8分钟。不过，这违背了牛顿的万有引力定律。根据牛顿的说法，引力是瞬间作用的。（牛顿认为引力的速度是无限大的，因为在牛顿的方程式中，没有光速的位置。）因此，爱因斯坦需要彻底推翻牛顿的方程式，才能把光速引入。

总而言之，爱因斯坦意识到，要想扩大相对论的范围，使其能将加速度和引力的因素包括在内，要做的工作非常多。此时，他开始将自己1905年提出的理论称作"狭义相对论",好将它和更强大的"广义相对论"区分开。他把这一想法告诉了马克斯·普朗克。普朗克警告他说:"作为老朋友,我必须告诫你,首先,你不可能成功;其次,即使你成功了,谁也不会相信你。"[1]不过普朗克也意识到了这一课题的重要性。因此他也说道:"如果成功了,你会被看作哥白尼第二。"

对于新的万有引力定律的想法,最初是在 1907 年,爱因斯坦还是专利局的小职员的时候想到的。他后来回顾道:"我当时坐在伯尔尼的专利局办公室的椅子上,突然间,我想到:如果一个人自由下落,他不会感到自己有重量。我突然就惊呆了。这一简单的想法给我留下了极深的印象。它促使我去研究引力理论。"[2]

爱因斯坦立即就意识到如果自己从椅子上摔下去,在一瞬间自己是没有重量的。例如,如果你站在电梯里,电梯厢突然断开掉落,你就处于自由落体状态;你和电梯厢以同样的速度下落。由于你和电梯此时都以同样的速度下落,看上去你会失去重量,飘浮在空中。与此相似,爱因斯坦意识到如果自己从椅子上掉下去,他会处于自由落体状态,引力的作用就随着自己的加速度被抵消了,使他看上去似乎是失重了。

这个概念倒不新。伽利略就知道这一点。在后人伪托的逸闻中,说他在比萨斜塔上同时抛下了一块石头和一个大炮弹。他是第一个证明地球上所有物体的重力加速度（9.8米每秒平方）都是一样的人。牛顿意识到行星和卫星都是在绕太阳或地球轨道作自由落体运动，因此他也知道这一点。所有到过外层空间的宇航员也都知道，加速度可以抵消引力。在飞船中，里面所有的东西，包括地板和设备以及乘员，都是以同样的速率下落。因此，在飞船里向四周看去，所有物体都是飘浮的。你的脚在地板上飘，让你以为引力消失了，因为地板和你的身体在一起下落。如果宇航员走出船舱做太空行走，他不会立即掉到地球上，而是缓慢地随着飞船运动，因为宇航员和飞船在沿着地球轨道同步下落。（在外层空间，引力并未消失。许多科普书籍在这一点上都说错了。太阳的引力足以控制冥王星沿自己的轨道运行。引力没有消失；它只是被你脚下飞船船舱的下落给抵消了。）

这叫做"等效原理"，所有物质都处于同样的引力状态下（更精确地说，是惯性质量和引力质量相等）。这实在不是什么新想法，伽利略和牛顿都注意过。但是这一想法在适当的时机落在合适的物理学家手中——比如爱因斯坦——它就可以成为新的相对万有引力定律的基础。爱因斯坦比伽利略和牛顿往前跨越了一大步。他提出了第二个假设，这是广义相对论的一个前提：物理学定律在加速系统或引力系统中是无法区别的。最让我们惊讶的是，这个简单的提法，到了爱因斯坦手中，就成了某个理论的基础，使我们得以了解弯曲的空间、黑洞以及宇宙的创生。

1907年在专利局获得灵感之后，爱因斯坦耗费了许多年才创立了新的引力理论。从等效原理中，渐渐生发出了引力的新图景。可是直到 1911 年，他才开始发表自己思考的成果。等效原理的第一个结果是光必须在引力的作用下弯曲。引力有可能影响光线这个想法也是个老想法，至少在艾萨克·牛顿的时代就提出了。在《光学》一书中，牛顿问到引力是否可以影响光线："远处的天体岂不会作用于光？并使光弯曲？此种效应岂不是越近越强？"[3] 可惜，在 17 世纪的技术条件下，他没有办法给出答案。

但是现在，200 多年后，爱因斯坦又回到了这个问题上。试着考虑一下在外太空加速运行的飞船里打开手电筒。因为火箭正向上加速，光束向下落。现在再将等效原理加入进来。由于飞船内部的物理学原理应该和地球上的物理学原理一样，因此这就意味着引力也必须会使光弯曲。就这么几个步骤，爱因斯坦就认识了引力使光弯曲这一新的物理现象。他立即意识到这一效应应该是可以计算的。

在太阳系中，最大的引力场是由太阳产生的，因此爱因斯坦提出了这样的疑问：太阳能否使遥远的恒星的光弯曲。通过搜集两个不同季节同一区域的星空照片就能验证。第一幅照片在夜间拍摄，星光没有受到太阳的干涉。第二幅照片在几个月后当太阳正好位于这些星星的前方时拍摄。通过对比这两幅照片，人们就有可能测量出在太阳附近，星光是否受太阳引力影响，出现轻微的弯曲。由于太阳光会遮盖来自星星的光线，因此光弯曲的实验必须在发生日食时月球挡住了太阳的光线，星星变得能够看见的情况下进行。爱因斯坦推论说日食期间拍摄的星空图和夜晚拍摄的同一幅星空图相比较，日食期间的星空图中靠近太阳的恒星的位置会显得有些变动。（月亮的引力也会使星光弯曲，但是这一弯曲量和太阳造成的弯曲显得微不足道。因此，日食期间星光的弯曲基本不受月亮的影响。）

等效原理可以帮助他计算出光线在引力的作用下的大致运动，但仍旧无法揭示引力本身的情况。现在所缺的是关于引力的场理论。我们来回顾一下，麦克斯韦方程描述了一种场理论，在这个场中，力线像蜘蛛网一样可以振动，并沿着力线传递波动。爱因斯坦寻求的是引力场，在里面，引力线可以产生引力振动，并且这一振动以光速传播。

1912 年前后，爱因斯坦经过深思熟虑之后，开始意识到自己必须彻底推翻我们对于空间和时间的理解。为了做到这一点，他需要创立新的几何学，一种超越源自古希腊的代代相传的几何。将他带上时空弯曲研究之路的是一个佯谬，有时称作"艾伦费斯特佯谬"（Ehrenfest's paradox）。这是爱因斯坦的朋友保罗·艾伦费斯特（Paul Ehrenfest）向他提出的。考虑一下旋转木马或旋转的盘子。静止的时候，我们知道其圆周等于直径乘以 π。不过，一旦旋转木马开始运动，外圈比内圈运动速度快，根据相对论，它就应该比内圈收缩得厉害，这样就会破坏旋转木马的形状。这就意味着圆周缩小了，比直径乘以 π 小了；也就是说，圆盘的表面不再是平整的了。空间弯曲了。可以把旋转木马的表面和北极圈内的地球表面相比照。从北极圈的一边的某一点出发，穿越北极点，走到对面的一点，就可测量出北极圈的直径。另外我们也能够测量得出北极圈的圆周长。将两个结果对比，我们会发现周长要小于北极圈的直径乘以 π，这是因为地球表面是弯曲的。但是过去 2000 多年以来，物理学家和数学家依靠的都是欧几里得几何学，而它是基于平面的。如果将几何学建立在曲面之上，会是什么情形呢？我们一旦认识到空间可以弯曲，一幅奇妙的图景就展现在我们面前。设想在床上有一块大石头。石头当然会陷进床垫。现在在床上弹出一颗玻璃球。玻璃球不会沿直线运动，而是会绕着石头沿曲线运动。有两个办法可以分析这一效应。从远处看来，牛顿派的人可能说石头对玻璃球产生了一种奇妙的"力"，迫使它改变路径。这种力虽然看不见，却能够作用于玻璃球。然而，相对论者看到的却是完全不同的景象。相对论者近距离观察床，发现没有任何力拉动玻璃球。只是由于床上有凹陷，才决定了玻璃球的运动。玻璃球运动的时候，床的表面"推动"它，使它进入圆周运动。

现在将石头换成太阳，把玻璃球换成地球，而把床换成空间和时间。牛顿会说一种叫做"引力"的看不见的力拉动地球绕太阳运动。爱因斯坦则说根本就没有引力。地球之所以绕太阳运行，是因为空间曲率在推动地球。也就是说，不是引力在拉，而是空间在推。

在这幅图景中，爱因斯坦就能够解释为什么太阳上的扰动需要 8 分钟传递到地球。例如，假如我们突然把石头拿掉，床面会弹回去，恢复正常，同时产生一波波的"涟漪"，以恒定的速度传递到整个床面。同样的，如果太阳会消失，它也会造成一个弯曲空间波动，以光速传播开。这一图景非常之简单而优美。当爱因斯坦的二儿子爱德华问他的时候，他都能跟他解释清楚。爱因斯坦回答道："假如一个看不见的甲虫沿着弯曲的树枝爬过去，它不会意识到自己爬过的路实际上是弯曲的。我只是有幸看到了甲虫没有注意到的东西。"[4]

牛顿在其巨著《自然哲学之数学原理》中，承认他无法解释这一瞬间就能作用于整个宇宙的神奇引力的根源。他为此有一句名言：hypotheses non fingo（我不做假说），因为他无法解释引力的根源。爱因斯坦使我们看到引力是由时空弯曲造成的。现在看来，"力"只是幻象，是几何学的副产品。在这幅图景中，我们之所以能站在地球上的原因，不是因为地球的引力拉着我们。根据爱因斯坦的理论，不存在引力。地球使我们身体周围的时空连续统一体发生扭曲，因此空间推着我们，站在地面上。因此，物质的存在使周围的空间弯曲，使我们产生一种幻象，以为是有引力作用在相邻的物体上。

当然，这种弯曲是看不见的，而且从远处看，牛顿描述的图景看上去也是正确的。这里我们可以考虑一下蚂蚁在起皱的纸面上爬行。蚂蚁试图走直线，但是却时常需要在碰到褶皱的时候向左向右转。在蚂蚁看来，似乎是有种神秘的力在拉着它们向左向右。但是，对于低头看着蚂蚁的人来说，很显然不存在什么力，只不过是纸面的褶皱推动蚂蚁，使其产生了有一种力的幻象。回顾一下，牛顿认为空间和时间是一切运动的绝对参考系。可是对爱因斯坦来说，空间和时间却是动态的。如果空间是弯曲的，那么在其中运动的任何人都会感到有神秘的力量作用于他们的身体，使他们以某种形式运动。

爱因斯坦可以把时空和能够伸展弯曲的布匹相比，发现自己必须学习有关曲面的数学。他很快发现自己陷入了数学的丛林，找不到合适的工具来分析自己关于引力的新的图景。在某种意义上，爱因斯坦这位曾经怨恨数学为"花哨的学问"的学者，现在不得不为当年在瑞士联邦技术大学逃数学课付出代价。

情急之中，他转而求助于朋友马塞尔·格罗斯曼。"格罗斯曼，你必须帮我，不然我就要疯掉了！"[5]爱因斯坦承认道。"我一辈子从来都没这么受折磨。我现在对数学充满了崇敬，我越来越认识到从前我以为纯粹是花哨的东西现在却充满了微妙之处。跟这个问题相比，原来的相对论只不过是小孩子的游戏了。"[6]

格罗斯曼检索了一下数学文献，结果他发现，爱因斯坦所需的数学事实上在瑞士联邦技术大学确实讲授过，这真是有点讽刺了。爱因斯坦最终发现波恩哈德·黎曼（Bernhard Riemann）于 1854 年所创立的非欧几何这一数学工具足以用来描述时空弯曲。（多年后，爱因斯坦在回顾掌握新数学的困难时，对一些高中生说："数学上遇到困难不要着急。我敢跟大家保证，我遇到的困难更大。"[7]）

在黎曼之前，数学是建立在欧几里得几何基础上的，这是一种平面几何。千百年来的学生都要花大量时间学习历史悠久的希腊几何定理，比如三角形的内角之和为 180 度，两条平行直线永远不相交。有两位数学家，一位是俄罗斯的罗巴切夫斯基（Nicolai Lobachevsky），另一位是匈牙利的鲍耶（Janos Bolyai），近乎发现了非欧几何。在这种几何学中，三角形的内角之和可能大于或小于 180 度。但是非欧几何最终由"数学王子"卡尔·弗里德里希·高斯（Carl Friedrich Gauss），以及黎曼（尤其是后者）创立。（高斯怀疑即使是在物理的平面上，欧几里得的理论也未必是正确的。他让助手在哈尔茨山①上打出一束光，试图通过实验来计算三个山顶所组成的三角形的内角。可惜，他得到的答案是否定的。高斯对政治特别敏感，他从来没有发表这一敏感话题的研究成果，害怕会惹起笃信欧几里得几何学的人的众怒。）

黎曼开创了数学的全新天地——即在任何维度中的曲面几何学，而不仅仅是在二维或三维的状况下。

---

① 位于中欧，在前德意志联邦共和国东北部和前德意志民主共和国西南部。——译者

爱因斯坦深信，这些高等几何能够对宇宙作出更精确的描述。"微分几何学"这种数学语言第一次进入了物理学的范畴。微分几何学，或称张量计算，是任何维度下的曲面数学。它曾经被认为是数学中最"无用"的分支，没有任何实质内容。可是突然间，它摇身一变，成了宇宙本身的语言。

许多传记都提到爱因斯坦的广义相对论是1915年提出的，提出时是完全成熟的形态，似乎他神奇地没有犯任何错误就发现了这一理论。过去几十年来，对爱因斯坦的"遗失的笔记本"的研究分析表明，他在1912～1915年，有许多次的失误。现在我们已经有可能重新理出人类有史以来最伟大的理论之一的建立过程，甚至可以精确到每个月的进展。其中，他特别需要归纳出协变的概念。我们知道，狭义相对论是建立在洛伦兹协变概念上的。即经历洛伦兹变换，物理学方程式保持同样的形式。爱因斯坦现在需要将这个观点扩展到所有的加速系和变换中，而不是仅仅局限于惯性系。换言之，他希望，不论使用什么参照系，不论是加速还是以恒定的速度运动，方程式都保持同样的形式。反过来，每个参照系都要求有一个坐标系来测量三维空间外加时间。爱因斯坦想要找到的，是一种不论使用何种距离和时间坐标来测量参照系的情况下，都能保持其形态的理论。这使他提出了著名的广义协变原理：在广义上，物理学方程必须是协变的（即在经历任意的坐标变换后，必须保持同样的形式）。

例如，我们可以考虑在桌面上撒开渔网作例子。渔网代表的是任意的坐标系，而桌面则代表在不论渔网如何扭曲的情况下不变的东西。不论我们如何扭动渔网，桌面的面积都是一样的。

1912 年，爱因斯坦意识到黎曼数学是描述引力的恰当语言，同时在广义协变原理的指引下，他在黎曼几何学中寻找协变的对象。令他吃惊的是，他总共发现了两种协变的对象：弯曲空间的体积和曲率（称作"里奇曲率"）。这对他起到了极大的帮助。通过严格限制引力理论的组成要素，广义协变原则引导爱因斯坦在 1912 年建立了基本上正确的理论。这一切成果都是在仅仅研究了黎曼的工作几个月后，在里奇曲率的基础上获得的。然而，不知为何，他把 1912 年得出的正确理论抛到一边，开始探求一个错误的想法。他到底为何抛弃了正确的理论，对于历史学家一直是个谜。这个谜直到最近，爱因斯坦的一些遗失的笔记本重新被发现后才揭开。那一年，他已经在里奇张量的基础上基本上建立了正确的引力理论。可他犯了个严重的错误。他以为这个正确的理论违背了"马赫原理"。[8] 这一原理一个常见的表述假定宇宙中物质和能量的存在就确定了周围的引力场。一旦确定了行星和恒星的排列，那么其周围的引力场也就确定了。例如，我们可以拿这个例子与之相比：往池塘里投一颗石子。石子越大，激起的涟漪就越大。因此，一旦我们知道了石子的具体大小，就能确定池塘里涟漪的大小。与此相似，如果我们知道了太阳的质量，就能确定太阳周围的引力场。

爱因斯坦出错就出在这里。他以为建立在里奇曲率之上的理论违背了马赫原理，因为物质和能量的存在并不能唯一地确定周围的引力场。他试图和朋友马塞尔·格罗斯曼建立一种更温和的理论，一种只是在旋转的情况下协变的理论（在普遍的加速情况下无需是协变的）。然而，由于他抛弃了协变原理，就找不到明确的道路指引自己了。他花了3年时间，在爱因斯坦-格罗斯曼理论的荒野中漫游，弄得灰心丧气。结果提出的爱因斯坦-格罗斯曼理论既不漂亮也没什么用——例如，它都无法推导出牛顿的方程式。在物理学方面，爱因斯坦虽然有全世界最敏锐的直觉，可他这次忽视了这些直觉。

在寻找最终的方程式的过程中，爱因斯坦关注的是3个关键的实验，这些实验有可能证明他关于弯曲空间和引力的想法：日食期间星光的弯曲、红移以及水星的近日点。1911年，早在开始研究弯曲空间之前，爱因斯坦就希望能够向西伯利亚派出一个科学小组，观测1914年8月21日发生的日食，以寻找太阳使星光弯曲的证据。

天文学家欧文·芬雷·弗里德里希（Erwin Finlay Freundlich）负责观测这次日食。爱因斯坦对自己的研究信心十足，起初，他提出自己掏腰包来进行这一宏伟的计划。"要是不成功的话，我会拿出我微薄的积蓄付账，至少是起初所需的2000马克。"[9]他这样写道。最终，一位富有的实业家同意提供资金。弗里德里希在日食发生前一个月动身去西伯利亚。可是随即德国对苏宣战，他和助手被抓了起来，设备也被没收了。（事后看来，1914年的远征实验没有搞成，对爱因斯坦不啻是一幸事。如果实验真的做了，其结果自然也不会符合爱因斯坦通过错误的理论预计的值，要是那样的话，他的整个研究计划就会遭到怀疑。）

接下来，爱因斯坦计算了引力如何影响光的频率。如果从地球上向外太空发射火箭，地球的引力就像一种拉力，试图将火箭拉回到地球。火箭要试图抵消地球引力，就会因此损失能量。同样，爱因斯坦分析说如果太阳发出光，那么太阳的引力也会对光造成往回拉的力，使其损失能量。光的速度不会改变，但是由于需要抵抗太阳的引力，光波的频率却会降低。这样一来，太阳发出的黄色的光就会降低频率，随着光线挣脱太阳的引力，变得更红。不过，引力红移是非常非常弱的效应，爱因斯坦也不指望很快能在实验室里验证。（事实上，后来又过了40年，人们才在实验室里证明引力红移存在。）

最后，他着手解决一个老问题：水星的轨道为什么会发生摇摆，稍微偏离牛顿定律计算出的轨道。通常，行星都沿着非常精确的椭圆轨道绕太阳运行，只不过由于受到附近行星的引力影响，其轨道会发生偏离，有点像雏菊花瓣的外形。不过水星的轨道即使加入了附近行星引力干扰的因素，仍然是偏离牛顿引力理论预测的轨道。这种偏差叫做"近日点进动"，首先在 1859 年被天文学家勒威耶（Urbain Leverrier）发现。他计算出水星椭圆轨道向旁边位移一个很小的量（约 43.5 角秒每世纪），这一点不能用经典的牛顿定律来解释。（出现明显不符合牛顿定律的现象不是第一次了。19 世纪早期，天文学家对天王星类似的不固定的轨道感到疑惑，当时他们不得不作出断然的选择：或者是抛弃牛顿定律，或者是假设还有另外一颗行星影响天王星的运行轨道。1864 年，一颗新行星，正像牛顿定律预计的那样，海王星被发现，物理学家都松了口气。）

但是水星一直还是个谜。天文学家仍旧没有放弃牛顿定律，而是采用了老传统来修修补补，假设还有一颗叫做 "Vulcan" 的新行星存在，它处于水星轨道内部。然而，天文学家把夜空搜寻了个遍，也找不到实验证据证明存在这么一颗行星。

爱因斯坦则准备接受一种更激进的解释：也许牛顿定律本身错了，或者至少是不完整的。1915 年 11 月，在爱因斯坦-格罗斯曼理论上面浪费了 3 年时间之后，他又回到了 1912 年抛弃的里奇曲率上来，并且注意到了自己的关键错误所在。[10]（爱因斯坦之所以放弃里奇曲率，是因为通过它推导出一块物质可以产生一个以上的引力场，这似乎是违背了马赫原理。然而，由于广义协变原理，他意识到这些引力场在数学上都是等值的，带来的物理结果也一样。这让爱因斯坦想起了广义协变原理的威力：这不仅严重限制了引力理论的可能性，而且还带来了独特的物理结果，因为许多引力学解都是等价的。）

爱因斯坦可能是拿出了平生最大的精力，排除一切干扰，全力以赴，试图推导出水星近日点之谜的答案。他那些失而复得的笔记本显示，他反复提出某项假设，然后竭尽全力去验证它是否能推导出牛顿的小引力场范围内的定律。这项工作特别繁重，因为他的张量方程式包含 10 个截然不同的方程式，而不是像牛顿定律那样，只包含一个方程。假如一个假设失败了，他就再提出一个，重新验证看它能否推导出牛顿方程式。这一极度费神的工作于 1915 年 11 月终于完成了，爱因斯坦也为此完全耗尽了精力。他使用 1912 年的理论，进行了长期复杂的计算，发现水星轨道的偏移量是每世纪 42.9 角秒，完全在实验结果容许的范围内。爱因斯坦简直不敢相信这一结果。这太令人惊喜了。这是第一个表明他的新理论是正确的实验证据。"连续好几天，我都兴奋得不能自持，"他回忆道，"我最大胆的梦想一朝成了现实。"[11] 他毕生的梦想，即找到引力的相对性方程，终于实现了。

爱因斯坦之所以兴奋不已，就在于通过抽象的广义协变原理，他能够推导出确定无疑的实验结果："广义协变原理如此实用，而且方程式能够正确推导出水星近日点偏移，想想我会多高兴吧。"[12] 他接着使用新的理论重新计算了太阳使星光弯曲的量。将弯曲空间加入自己的理论意味着最终的结果是 1.7 角秒，比最初的结果大了 1 倍（大约是 1 度的 1/2000）。

他相信，这一理论非常之简单优美，而且有力，任何物理学家都会被它吸引。他后来写道："凡是理解它的人，几乎无人能逃脱这一理论的魔力。这一理论优美至极。"[13]神奇的是，广义协变原理这一工具真是强大，最后的方程式虽然描述了整个宇宙的结构，写下来却只有几厘米长。[到现在，物理学家还惊叹这么简短的方程式竟然能够描述宇宙创生以及演化的过程。物理学家维克托·维斯科普夫（Victor Weisskopf）将心中惊奇的体验比作一则趣闻中老农民第一次见到拖拉机时的感受。那个故事说，一个老农在仔细查看过拖拉机后，迷惑地问："马在哪儿呢?"]爱因斯坦的成功当中，唯一的缺陷是在一个小地方就谁优先发现的，与也许是当时在世的最了不起的数学家大卫·希尔伯特（David Hilbert）有些争执。当其理论差最后一步就完成的时候，爱因斯坦在哥廷根（Gottingen）为希尔伯特作了六次讲座，每场两个小时。当时爱因斯坦仍旧缺乏相应的数学工具（称作"比安基恒等式"）来从一个简单的形式（称作"作用"）推导出方程式。后来，希尔伯特完成了计算的最后一步，写下了计算步骤，然后早爱因斯坦6天独自发表了结果。爱因斯坦对此很不高兴。他觉得希尔伯特是想通过完成最后的步骤并急于发表，将广义相对论据为己有。不过最终爱因斯坦和希尔伯特之间的裂痕得以弥补。此后爱因斯坦也变得谨慎多了，不再轻易将自己的成果告诉别人。[现在，广义相对论的推导称作"爱因斯坦-希尔伯特推导"。希尔伯特完成了爱因斯坦理论最后的一小步，可能是因为他经常说："物理学太重要了，不能只让物理学家去做"；可他的潜台词可能是，物理学家可能缺乏足够的数学技巧来探索自然界。很显然，其他的一些数学家也同意此观点。数学家费利克斯·克莱因（Felix Klein）后来就抱怨说爱因斯坦骨子里不是个数学家，而是在晦涩的物理-哲学的冲动的驱使下作研究。数学家和物理学家的根本区别大致在此，而且数学家往往无法找到物理学的新定律，原因也大抵在此。数学家关注的是一系列狭小、自足的领域。物理学家关注的则是一些简单的物理定律，这些定律需要多种数学系统来解决。虽然自然界的语言是数学，但自然界背后的推动理论却似乎是物理定律，如相对论和量子理论。]

世界大战的爆发打断了报界关于爱因斯坦发现新的引力理论的新闻报道。1914 年，并不知名的匈牙利大公的遇刺，引发了当时最血腥的战争，将英国、奥匈帝国、俄国、普鲁士帝国拖入了战争的深渊，这场灾难使数百万年轻人丧命。似乎是一夜之间，德国大学里温和而知名的教授忽然就变成了嗜血成性的民族主义分子。柏林大学几乎全部的员工都感染了战争的狂热，将全部的精力投入到战时工作。为了表示对德国皇帝的效忠，93 位声誉卓著的知识分子在臭名昭著的《对文明世界的宣言》（*Manifesto to the Civilized World*）中签字，呼吁所有的民众团结在皇帝周围，叫嚣德国人民必须反抗"反对白种人的俄罗斯游牧部落以及和他们摽在一起的蒙古人和黑人"。[14] 在这一宣言的怂恿下，德国入侵比利时，并骄傲地宣称："德国军队和德国人民团结一心。这一认识将七千万德国人团结在一起，不论其所受教育、阶层、政党是什么。"[15]连爱因斯坦的支持者马克斯·普朗克也在宣言上签了字。同样签字的还有费利克斯·克莱因、物理学家威廉·伦琴（Wilhelm Roentgen，X线的发现者）、瓦尔特·能斯特（Walther Nernst）以及威廉·奥斯特瓦尔德①。

爱因斯坦是坚定的和平主义者，他拒绝在宣言上签字。乔治·尼克莱（Georg Nicolai）是一位著名的反战活动人士，他邀请100位知识分子来签署一份反对《对文明世界的宣言》的宣言。由于德国处于狂热的战争气氛中，只有四个人最后签了字，其中包括爱因斯坦。爱因斯坦此时只有大摇其头，无法相信这一事实。他写道："欧洲在其蠢行中的作为，令人难以置信。"[16]他悲哀地继续说："当此际，鄙人深切洞悉，自己属于何种可怜的物种。"

1916年，爱因斯坦周围的世界再次发生动荡。这一次的事件是一则惊人的新闻，他的密友弗里德里希·阿德勒，就是那位慷慨地放弃了自己物理学家的教授职位给爱因斯坦的那个人，在维也纳一家拥挤的餐厅里刺杀了奥地利的首相卡尔·冯·伯爵（Count Karl von Stürgkh），当时还大喊："打倒暴政！我们要

---

① 威廉·奥斯特瓦尔德：（1853～1932）德国化学家。因其在催化作用和化学平衡方面的贡献获1909年诺贝尔奖。——译者

和平！"全国上下都被这一消息震惊了。奥地利社会民主党的创始人的儿子，对国家犯下了难以描述的谋杀罪行。阿德勒立即被逮捕了，有可能面临死刑。在等待宣判之际，阿德勒又埋头研究自己业余时间喜欢的物理学，而且开始写一篇批评爱因斯坦的相对论的长篇论文。此人身处自己实施的刺杀激起的漩涡之中，竟然潜心考虑起相对论，而且认为自己找到了其中的重大缺陷！

阿德勒的父亲维克多抓住了唯一一条替儿子辩护的理由。维克多发现自己的家族成员多有精神病，他就称自己的儿子精神有问题，为此请求法庭的宽大。作为自己这么说的证据，维克多还指出他的儿子竟然想否定爱因斯坦的广为接受的相对论。爱因斯坦主动答应去作证，但却从未接到传唤。

虽然法庭开始认定阿德勒有罪，并判处绞刑，但在爱因斯坦和其他人的求情下，绞刑后来改成了终身监禁。（讽刺的是，随着第一次世界大战结束，奥地利政府垮台，阿德勒于 1918 年被释放，并进而当选为奥地利国民议会的议员，成了工人运动的一位颇受欢迎的领导人。）

世界大战以及为了建立广义相对论而付出的巨大脑力劳动不可避免地影响了爱因斯坦的健康，[17]更何况他的身体情况本来就时好时坏。1917 年他病倒了。他的巨大成就带给了他无比的病痛，使得他都无法出门了。他的体重严重下降，在仅仅两个月的时间里掉到了 25 千克。和以前相比，他现在只剩了个躯壳。

他以为自己得了癌症，活不长了，结果检查发现只是得了胃溃疡。医生建议他彻底休息，并改善饮食。在这期间，爱尔莎经常陪伴爱因斯坦，耐心照顾他，使他渐渐恢复了健康。他和爱尔莎以及她的女儿的关系越发密切起来，尤其是当他搬到了爱尔莎的隔壁之后。

1919年6月，爱因斯坦终于和爱尔莎结了婚。她对于著名的教授应该如何着装有着一整套成熟的想法。在她的打扮下，爱因斯坦从一个衣着随意的人变成了风度翩翩衣着得体的丈夫。也许这正为他过渡到人生的下一阶段做好了准备：世界舞台上的英雄人物。

第 5 章　新哥白尼的诞生

　　爱因斯坦逐渐从病痛和第一次世界大战的混沌中恢复过来。他非常渴望能够观测将于 1919 年 5 月 29 日发生的日食。英国科学家亚瑟·爱丁顿（Arthur Eddington）特别热衷于进行能最终证实爱因斯坦理论的这一实验。爱丁顿是英国皇家天文学会的秘书。他既善于观察天象，又深入研究过与广义相对论相关的数学。他还有另一个原因来进行这次日食观测实验：他是个贵格会会员，信奉和平主义，这使他在第一次世界大战期间，未参加英军作战。他宁愿坐牢也不参军。剑桥大学方面的官员害怕自己学校的一个年轻的学者由于反对兵役而坐牢，因此就跟政府商量延期让他服兵役，条件是他要做义工，具体说来就是在1919 年进行日食观测，检验爱因斯坦的理论。因此，通过实验检验广义相对论就成了官方赋予他的爱国义务。

　　亚瑟·爱丁顿在靠近西非海岸的几内亚湾的普林西比岛上设立了观测营地。另一个远征观测小组由安德鲁·科隆美林（Andrew Crommelin）率领，前往巴西北部的索布拉尔（Sobral）。他们遇上了恶劣的天气，乌云遮住了太阳，几乎毁掉了整个实验。可是就在下午 1:30 需要拍摄恒星照片的时候，乌云奇迹般地散开了。

不过，远征观测小组花了好几个月的时间才回到英国，仔细分析他们获得的数据。爱丁顿仔细对比了几个月前在英国用同一架望远镜拍摄的照片，他发现平均偏折量为 1.61 角秒，而索布拉尔观测小组的结果是 1.98 角秒。加权平均后的结果是 1.79 角秒，误差在实验容许的范围内，证实了爱因斯坦的 1.74 角秒的预言。爱丁顿后来充满感情地回顾说，验证爱因斯坦的理论是他一生中最伟大的时刻。

1919 年 9 月 22 日，爱因斯坦最终收到了亨德里克·洛伦兹（Hendrik Lorentz）发给他的电报，告知他这一惊人的消息。爱因斯坦高兴地写信告诉母亲："亲爱的妈妈——今天有好消息。H. A. 洛伦兹今天发电报给我，说英国远征观测队证明了太阳会造成星光偏折。"[1] 马克斯·普朗克一夜没睡，等待日食观测数据是否能够证实广义相对论的正确。爱因斯坦后来开玩笑说："他要是真的明白广义相对论，他就会和我一样上床睡觉了。"[2]

此时，爱因斯坦的惊人的新万有引力理论已在科学界沸沸扬扬传开了。可是，直到英国皇家天文学会于 1919 年 11 月 6 日在伦敦开会后，这一消息才公之于众。爱因斯坦突然间就从一个柏林的高级物理学教授变成了世界级的人物，成了艾萨克·牛顿的接班人。在那次大会上，哲学家阿尔弗雷德·怀特海（Alfred Whitehead）发言说："当时人们兴致勃勃的劲头，就好像看希腊戏剧一样。"[3] 弗兰克·戴森爵士（Sir Frank Dyson）是第一个发言的。他说："我仔细研究过了底片。我可以放心地说，我们找到的证据的确可以验证爱因斯坦的预言。结果确凿无疑地表明，光线的确像爱因斯坦的引力理论预言的那样发生了偏折。"[4] 英国皇家学会的会长，诺贝尔奖获得者 J. J. 汤姆森（J. J. Thomson）庄重指出，这是"人类思想史上的最伟大的成就之一。这一发现，不是找到了一个孤立的科学理论，而是发现了科学思想的新大陆。这是自从牛顿查明了引力定律以来，和引力有关的最伟大的发现"。[5]

传说，爱丁顿离开会场后，另外一个科学家叫住他，问："有传闻说全世界只有三个人理解爱因斯坦的理论。您肯定是其中之一。"[6] 爱丁顿站在那里一言不发。于是那位科学家说："不要过谦。"爱丁顿耸了耸肩，说道："我不是过谦。我是在想那第三个人会是谁。"[7]

第二天，伦敦的《泰晤士报》的头版头条醒目打出："科学的革命——宇宙新理论——牛顿观念破产——重大声明——空间是弯曲的。"[8]（爱丁顿写信给爱因斯坦说："整个英国都在谈论你的理论……对于英德两国科学界的关系来说，这事情再好不过了。"[9] 伦敦的报章还赞许地提到爱因斯坦当年没有在那份臭名昭著的宣言上签字。那份由 93 个德国知识分子签字的宣言曾让英国的知识分子怒不可遏。）

事实上，爱丁顿成了爱因斯坦的主要支持者，在英语国家中广为宣传他的事迹，为广义相对论辩护。

就好像上世纪的托马斯·赫胥黎（Thomas Huxley）自比为"达尔文的恶犬"，大力宣传遗传理论一样，爱丁顿则不遗余力地，借助自己在科学界的威望和雄辩的口才，推广相对论。爱丁顿和爱因斯坦，一位是贵格会会员，一位是犹太人，这两个和平主义者的奇怪结合，使英语国家的人开始了解了相对论。

相对论突然之间在世界上出了名，许多媒体对此毫无准备。他们开始网罗任何具有物理学知识的人。《纽约时报》立即派其高尔夫球专家亨利·克罗齐来报道这一迅速传播的故事，结果出了无穷的错。《曼彻斯特卫报》派出的是音乐评论人来报道这一事件。稍后，伦敦的《泰晤士报》请爱因斯坦撰文详细介绍自己的理论。为了说明相对论的原理，他在文章中写道："如今，在德国，我被称作德国的科学家，而在英国，我则是一个瑞士的犹太人。如果我变得令人讨厌，那么对我的描述就会反过来，德国人会把我看成瑞士的犹太人，英国人则把我看作是德国的科学家。"[10]

很快，上百家报纸开始连篇累牍采访报道这位已经被证实具有天才的科学家，这位哥白尼和牛顿的继承人。急于赶出稿子的记者包围了爱因斯坦。好像全世界所有的报纸都在头条报道了这一事件。也许公众是被第一次世界大战野蛮而无理智的屠杀耗尽了精力，他们急需这么一个神话般的人物，给他们解说神秘的星球和天堂内部的缘由。这些道理，一直都是他们做梦也想不到的。另外，爱因斯坦还重新塑造了天才的形象。爱因斯坦并不高高在上。公众欣喜地发现这位天体星球的代言人，像一个青年贝多芬，有着满头爆炸似的头发和布满褶子的衣服，而且还经常在接受采访时说个俏皮话，逗个乐子什么的。

他给朋友写信时这么写道："现在，所有的马车夫和饭店招待都在谈论相对论是对是错。一个人对此采取何种观点取决于他隶属的政党。"[11]但是随着新鲜感逐渐过去，他开始感受到成为公众人物的坏处。他写道："自从报纸开始蜂拥报道我开始，我就被问题、邀请、挑战包围了。我梦到自己在地狱中被焚烧，邮递员就是恶魔，不断骚扰我，把一堆堆信扔给我，而我连早先的信还没回呢。"[12]他总结道："世界是个好奇的疯人院"，他则处在"这个相对论马戏团"的中心。[13]他抱怨说："我觉得自己有点像个娼妓。人人都想知道我在做什么。"[14]好奇的、狂热的、马戏团的宣传人，都想看一眼或是利用阿尔伯特·爱因斯坦。《柏林画报》刊载了这位突然出名的科学家面临的种种问题。比如，有一次伦敦一家大马戏团的票务处想把他的照片和喜剧家、走钢丝的以及吞火者等印到门票上，而且开价很高。他回绝了他们的请求。对于好奇的人提出的请求，爱因斯坦总是礼貌地回绝。可是对于人家用他的名字给孩子起名甚至是作为香烟的商标，他却毫无办法。

像爱因斯坦的发现这样重大的事件，不可避免会招致怀疑和挑战。怀疑阵营的主将是《纽约时报》。《纽约时报》从被英国媒体落下的失利中解脱出来后，其编辑开始笑话英国人太容易上当了，这么快就接受了爱因斯坦的理论。《纽约时报》的文章称英国人"在听到拍摄的照片证明了爱因斯坦的理论后，似乎被一种知识恐惧所吓倒……当他们意识到太阳照样升起——而且显然仍是东升西落——他们才逐渐回过神来"。[15]纽约的编辑们最苦恼，也最令他们疑心的，是全世界明白这一理论的人实在是太少了。编辑们慨叹这简直有点太非美国化，也太非民主了。全世界是不是被一个天大的玩笑给涮了？

在学术界，持怀疑态度的一派，以哥伦比亚大学的天体力学教授，查尔斯·兰·坡（Charles Lane Poor）为领队。他说道："爱因斯坦引用并宣称的该理论所谓的天文学证明，其实并不存在。"[16]他这么说倒是自己搞错了。坡把相对论的作者和写了刘易斯·卡罗尔（Lewis Carroll）笔下的《爱丽丝漫游仙境》中的人物相提并论："我读了多篇关于四维、爱因斯坦的相对论，以及其他关于宇宙形成的心理学探索方面的文章。我读过之后的感觉，就像参议员布兰吉（Brandegee）先生在参加过华盛顿的一次盛大晚宴后的感觉。"[17]他说："我感到自己就像是和漫游奇境的爱丽丝一起，与疯帽人一起喝了杯茶。"工程师乔治·弗朗西斯则怒气冲冲地说相对论是"斗鸡眼物理学……彻头彻尾的癫狂……痴人说梦……最不上台面的梦呓……巫师的咒语。到了1940年，人们就会认识到相对论只不过是个笑话。到那时，爱因斯坦已经和安德森、格林，以及疯帽人一起被埋葬了"。[18]讽刺的是，历史学家之所以还记得这些人的名字，却是因为他们对相对论发表过长篇累牍的无用攻击。物理学不是由流行与否所决定的，也不是《纽约时报》的编辑所能左右的，而是细心的实验才能证明的。优秀的科学成果莫不具有此特点。马克斯·普朗克在提出量子理论的时候也面临过激烈的批评，而他曾经说过："新的科学真理并不会因为其反对者宣称被说服了而站稳脚跟；它只是随着反对者逐渐死去，而年轻的一代从一开始就熟悉这些真理，才会占据上风。"[19]爱因斯坦自己也曾经说："伟大的灵魂总是会遭到平庸之辈的激烈反对。"[20]

真是不幸，报纸对爱因斯坦的赞美和奉承，竟招致了越来越多恶意批评者的嫉恨。物理学界最臭名昭著的反犹太者是菲利普·勒纳德（Philipp Lenard）。他曾获得诺贝尔奖。他的贡献是奠定了光电效应对于频率的依赖性。他的研究结果最终被爱因斯坦的光子理论所解释。米列瓦在海德堡期间曾听过勒纳德的课。在他发表的一份耸人听闻的文章中，他称爱因斯坦是"犹太骗子"，而相对论"如果人种论更流行的话，原本早该就能预计到——因为爱因斯坦是个犹太人。"[21]最终，他成了"反相对论联盟"的领导人物，全力将"犹太物理学"从德国驱赶出去，净化雅利安人的物理学。在物理学界，持此论者并非勒纳德一人。德国科学界还有不少人和他站在一边，其中包括诺贝尔奖获得者约翰内斯·斯塔克（Johannes Stark）

和汉斯·盖革（Hans Geiger，盖革计数器①的发明人）。

1920年8月，这个恶毒的反对者小组在柏林订下了爱乐音乐厅，专门用来集会攻击相对论。最引人注目的是，爱因斯坦坐在观众席上，面对一个又一个愤怒的发言人。那些人站在台上谴责他喜欢卖弄自我、文抄公、牛皮大王，他毫无惧色。9月，又有一次类似的正面冲突。这次是在巴特诺海姆举行的德国科学家协会会议上。武装警察出面在大厅入口站岗，并准备随时阻止示威或暴力行为。爱因斯坦在试图回应勒纳德的煽动性攻击时被轰了下来。这场闹剧上了伦敦的各大报纸。听说德国伟大的科学家正被赶出德国，英国人警觉起来。驻伦敦的德国外事办公室的代表力图平息这些传闻，说如果爱因斯坦离开德国，那将是德国科学的灾难。并且说："我们不会赶走这么一个人……我们可以利用他有效地宣传德国文化。"[22]

1921年4月，世界各地的邀请纷至沓来，爱因斯坦决定利用他新挣来的名声，不仅是促进相对论的传播，还要促进和平和犹太复国运动。他终于重新找到了自己犹太民族的根。[23]通过多次和朋友库尔特·布鲁门菲尔德（Kurt Blumenfeld）长时间交谈，

---

① 盖革计数器：用来观察和测量射线的密度的一种仪器，比如放射性物质的粒子，包括一盖革试管和其他有关联的电子设备。——译者

他开始深切地理解几个世纪以来犹太人所遭受的苦难。他写道：布鲁门菲尔德"使我找回了我作为犹太人的灵魂"。[24] 犹太复国运动的领导人物查姆·魏兹曼（Chaim Weizmann）想让爱因斯坦为耶路撒冷的希伯来大学筹集资金。他的计划中包括让爱因斯坦周游全美国。

爱因斯坦乘坐的船刚一停靠纽约，他就被争相目睹其尊容的记者包围了。在纽约街头，市民夹道欢迎他的车队。他站在豪华敞篷轿车中向人群挥手，人群报以欢呼。有人向爱尔莎抛掷过来一束花，她说："就好像是巴纳姆马戏团在巡回演出！"[25] 爱因斯坦开玩笑说："纽约的淑女太太喜欢每年都有新时尚。今年的时尚是相对论。"[26] 他又说："我是会吹牛还是会催眠，竟然把大家弄得都跟马戏团小丑似的？"

如其所愿，爱因斯坦吸引了公众强烈的注意，为犹太复国运动争取到了大量的支持者。抱着良好愿望的人、好奇的人，以及他的犹太崇拜者塞满了他演讲的大厅。在曼哈顿，8000人涌进了第六十九团的军械库，为的是一睹这位天才的容颜。[27] 另外还有3000人没有机会进去。纽约城市大学为爱因斯坦举办的招待会是他此行的高潮。后来获得了诺贝尔奖的艾西德·艾萨克·拉比（Isidor Isaac Rabi）当时对爱因斯坦的演讲作了大量记录，叹服于他的人格魅力，这一点和其他的物理学家很不一样。（直到今天，纽约城市大学的全体学生围在爱因斯坦身边的照片还挂在校长办公室里。）

离开纽约后，爱因斯坦马不停蹄地又走了好几个大城市。在克里夫兰，3000 人涌来看他。"多亏一伙犹太老军人极力推开争相看他的人群，才使他没受严重的伤害。"[28] 在华盛顿，他和总统沃伦·哈丁（Warren G. Harding）会面。可惜他俩无法交流，因为爱因斯坦不会说英语，哈丁则不会德语和法语。（爱因斯坦这次旋风般的旅行共募集了近 100 万美元，其中 25 万是在纽约华尔道夫酒店向 800 名犹太裔医生演讲时募集到的。）

他在美国的旅行不仅向数百万的美国人介绍了空间和时间的奥秘，而且还加深了爱因斯坦对于犹太复国运动的理解。他生长在欧洲的一个中产阶级家庭，和全世界贫穷苦难的犹太人没有直接的接触。"这是我第一次将犹太人当作一个整体看待，"[29] 他说道，"我到了美国才发现了犹太民族。我见过许多犹太人，可是不论是在柏林还是在德国的其他地方，我见到的都不是犹太民族。我在美国看到的犹太民族来自俄国、波兰，或是笼统地说，来自东欧。"[30]

从美国回来后，爱因斯坦去了英国，在那里他见到了坎特伯雷大主教。爱因斯坦让他们放心，相对论不会减弱人们的道德观，也不会影响他们的宗教。这让神职人员大为欣慰。他在罗斯恰尔兹吃午饭，遇到了经典物理学家雷利（Rayleigh）勋爵。后者对爱因斯坦说："假如你的理论是讲得通的，我觉得……那些事件，比如，诺曼人占领英格兰，就不曾发生过。"[31] 当别人把他介绍给霍尔丹（Haldane）勋爵及其女儿的时候，那位女士看见他就激动得晕倒了。稍后，爱因斯坦前去威斯敏斯特教堂墓地，向艾萨克·牛顿墓献了花圈。1922 年 3 月，爱因斯坦收到法兰西学院（the College de France）的邀请，在那里他受到了巴黎媒体和巴黎人的热情欢迎。一位记者评论道："他成了最流行的时尚。学者、政治家、艺术家、警察、出租车司机都知道爱因斯坦来讲学了。对于爱因斯坦，爱吹牛的巴黎人什么都知道，谈论起他来还忍不住要添油加醋。"[32] 爱因斯坦的旅行也遇到了阻力。一些科学家还未从第一次世界大战中缓和过来，他们联合抵制他的演讲，借口是德国尚不是国际联盟的成员。（作为回应，巴黎一家报纸说："要是某个德国人发现了治愈癌症或肺结核的疗法，这 30 位先生难道还要等德国成了国际联盟的成员才肯用？"）[33]

不过，爱因斯坦返回德国，面临的却是战后柏林不稳定的政局。这一时期充满了政治暗杀。1919 年，德国社会民主党领袖罗莎·卢森堡（Rosa Luxemburg）和卡尔·李卜克内西（Karl Liebknecht）被杀害。1922 年 4 月，爱因斯坦的同事，犹太物理学家沃尔特·拉特瑙（Walther Rathenau），当时已经是德国外交部部长，在自己的车内被冲锋枪射杀。另一位知名犹太人马克西米利安·哈登（Maximilian Harden）也遇刺，身受重伤。

德国宣布全国默哀，剧院、学校、大学等都关门，哀悼拉特瑙。100 万人静默在国会大楼前，参加他的葬礼。然而，菲利普·勒纳德拒绝取消在海德堡物理学研究所的课程。此前，他曾鼓动人刺杀拉特瑙。在国葬日那天，一批工人试图劝说勒纳德停课，但被他从二楼泼水浇得透湿。工人们于是冲击研究所，把勒纳德拖了出来。要不是警察赶来，他们就把他扔到河里去了。

同年，德国一个叫鲁道夫·莱布斯（Rudolph Leibus）[34]的年轻人被捕。他在柏林许诺，如果有人刺杀爱因斯坦以及其他一些知识分子，他就提供奖金。他如此说："把这些和平主义者的头头杀掉是爱国者的责任。"[35]法庭判他有罪，但只处以 16 美元的罚金。（爱因斯坦对来自反犹太分子和疯狂个人的危险很重视。曾经有个叫尤金尼亚·迪克森（Eugenia Dickson）的精神有问题的俄国移民给爱因斯坦写了一系列恐吓信，咒骂他是假的爱因斯坦，还冲进爱因斯坦的家要杀他。[36]但是还没等她靠近爱因斯坦，爱尔莎就在门口挡住并制服了她，然后打电话叫来了警察。）

面对这一反犹太浪潮，爱因斯坦再次踏上了旅程。这一次是去东方。当时哲学家兼数学家伯特兰·罗素（Bertrand Russell）正在日本巡回讲学。有人请他提几个当时最杰出的人物，让他们也来日本讲学。他立即就提到了列宁和爱因斯坦。当然，列宁是请不来了，所以邀请信就到了爱因斯坦手上。他接受了邀请，于 1923 年 1 月开始了奇妙之旅。"生活就像骑自行车。要想保持平衡，你就必须不断运动。"他这样写道。[37] 在去日本和中国的途中，爱因斯坦接到了来自斯德哥尔摩的一个消息。许多人都认为这个消息来得太晚了。电报告知他获得了诺贝尔物理学奖。但是他获奖并不是因为相对论他这一最了不起的成就，而是由于光电效应。次年，爱因斯坦才作了颁奖演说。讲话的时候他依然保持着自己的典型风格。他没有像别人想象的那样谈光电效应，而是大谈相对论。

爱因斯坦早已是最出名、最受人尊重的物理学家，为什么这么迟才获得诺贝尔奖？讽刺的是，从1910年到1921年，他八次被诺贝尔奖委员会拒绝。在那期间，无数的实验证实了相对论是正确的。诺贝尔奖委员会的成员斯文·赫定（Sven Hedin）后来说，当时问题出在勒纳德身上。他对其他的评委，包括赫定本人，有很大的影响力。诺贝尔奖获得者，物理学家罗伯特·密立根（Robert Millikan）也回忆说当时的诺贝尔提名委员会对于相对论的问题有分歧，最终让评审委员会来评估该理论："他把时间全部用在研究爱因斯坦的相对论上，可他理解不了。他没有勇气把诺贝尔奖授给相对论，怕日后又发现这个理论错了。"[38]

爱因斯坦依照承诺将诺贝尔奖奖金的一部分寄给了米列瓦，作为他们离婚协议的一部分（合32000美元，以1923年的价值算）。她后来用这笔钱在苏黎世买了三套住宅。

到了20世纪二三十年代，爱因斯坦逐渐成为国际舞台上的巨人。[39]报纸争相采访报道他;他面带微笑的照片出现在银屏上;无数的人请求他作演讲;对于他生活中鸡毛蒜皮的小事,新闻记者都不厌其详地记录刊载。爱因斯坦开玩笑说自己就像是点石成金的迈达斯①王,只不过他是点任何东西都成了报纸头条。纽约大学1930届学生在列举世界上最出名的人的时候,查尔斯·林德伯格(Charles Lindbergh)是第一个,阿尔伯特·爱因斯坦第二。这两个人的得票远远超过任何的好莱坞明星。不论爱因斯坦去哪里,都能吸引大批的人群。在纽约的美国自然历史博物馆,4000人争相观看解释相对论的纪录片,几乎引发骚乱。一伙实业家甚至同意掏钱在波茨坦修建"爱因斯坦塔"。这是一座风格前卫的天文台,于1924年竣工,塔高16米,上面安放着一台天文望远镜。无数的艺术家、摄影师希望捕捉到这位天才的面容,爱因斯坦说自己的工作是"艺术模特"。

不过,这一次,他没有犯当年和米列瓦生活在一起时所犯的错误。在作旅行的时候,他没有忽略爱尔莎。不论是会见名人、王室成员,还是权贵,爱因斯坦都带着爱尔莎。这让她非常高兴。爱尔莎也仰慕自己的丈夫,对他在全世界的名声心满意足。她那时"温柔体贴,非常非常的小资,喜欢照顾阿尔伯特"。[40]

---

① 迈达斯:传说中的佛里几亚国王,酒神狄俄尼索斯赐给他一种力量使他能够把他用手触摸的任何东西变成金子。——译者

1930年，爱因斯坦第二次去美国，而且又非常成功。在圣地亚哥访问期间，滑稽大师威尔·罗杰斯（Will Rogers）说起爱因斯坦来是这么描述的："他和谁都能共进晚餐，和谁都能说得来，不论谁的相机里还有剩余的胶卷，他都乐于让人家拍照，无论是午餐、晚餐、电影的首映式、婚礼等，甚至还包括这些新人中有三分之二多的夫妇后来离婚的仪式，他都参加。他表现真是太好了，弄得大家都不好意思问他相对论是什么。"[41]他参观了加利福尼亚理工学院以及威尔逊山上的天文台，并在那里会见了天文学家埃德温·哈勃（Edwin Hubble）。后者的研究证实了爱因斯坦关于宇宙的一些理论。他还造访了好莱坞，受到的接待不亚于超级明星。1931年，他和爱尔莎参加了查理·卓别林（Charlie Chaplin）的电影《城市之光》的全球首映式。观众都争相一睹这位被好莱坞名流紧紧包围的世界闻名科学家的风采。在首映式上，观众对卓别林和爱因斯坦大声欢呼。卓别林说："人们对我鼓掌，是因为所有的人都理解我；他们对你鼓掌，是因为谁都不理解你。"[42]爱因斯坦对名人所带来的这种疯狂倍感迷惑，问卓别林这都意味着什么。卓别林充满睿智地答道："什么也不是。"［他参观纽约著名的河边大教堂（Riverside Church）时，看到花窗玻璃上有自己的头像，和世界上其他伟大的哲学家以及科学家在一起。他开玩笑说："我能想象得到，他们会把我变成犹太圣人。但我绝没想到会是新教的圣人！"[43]］

爱因斯坦对哲学和宗教也多有思考。1930 年，他还会见了另一位诺贝尔奖获得者，印度的泰戈尔。他们站在一起倒是对绝配：爱因斯坦一头爆炸似的头发，泰戈尔则是一把长长的白胡子。一个记者评论说："看到他俩在一起觉得特好玩——泰戈尔是长着思想家脑袋的诗人，爱因斯坦则是长着诗人脑袋的思想家。在外人看来，就好像是两个星球在对话。"[44]

自从小时候读过康德的作品后，爱因斯坦就对传统的哲学产生了怀疑，他常常觉得那种哲学已经蜕化为华而不实又过于简单化的欺骗。他写道："难道哲学都写得这么肉麻吗？沉浸其中的时候它们看上去都不错，可是一旦回头再看，它们又消失殆尽。剩下的都是些肉麻的话。"[45] 泰戈尔和爱因斯坦对于世界上如果没有人类能否自行存在产生了激烈的思想交锋。泰戈尔坚持神秘主义的思想，认为人类的存在是现实存在的根本。爱因斯坦则回答道："从物理学的角度看，世界可以独立于人类而存在。"[46] 虽然他们对于物质现实有着分歧，但是对于宗教和道德却有更多的共通之处。就伦理问题而言，爱因斯坦认为道德是人类定义的，而不是上帝。"道德是最最重要的——但只是对我们而言，不是对于上帝，"爱因斯坦如此说，"我不相信人可以不朽，而且我认为伦理是纯粹人类的思考结果，其背后没有任何超人权威。"[47]

虽然他对传统的哲学抱有怀疑态度，对于宗教所带来的神秘他还是怀着深深的崇敬，尤其是对于存在的本质这一问题。他后来写道："缺少宗教的科学是瘸腿的科学；缺少科学的宗教是瞎眼的宗教。"[48]他把这种对于神秘的尊敬看作是所有科学的本源："科学中所有的思考都源自深厚的宗教感情。"爱因斯坦写道："人所能有的最美好、最深刻的体验，就是对神秘的感觉。它是宗教以及所有对于艺术和科学的探求背后的原则。"[49]他总结说："如果我内心中有某种东西可以说是宗教的话，那就是对于到现在为止科学所能揭示的世界的结构的无比的赞赏。"[50]他关于宗教所作的最优美、最清晰的论述，是1929年写下的："我不是无神论者，也不是泛神论者。我们就像小孩子走进了一个满是各种语言文字的图书的巨大的图书馆。这个小孩知道肯定有人写下了这些书。但他不知道是怎么写的。他读不懂书上的语言。这个小孩隐约觉得书的排列有某种神秘的秩序，但他不知道到底是什么秩序。在我看来，这就是即使最聪明的人面对上帝所应有的态度。我们所见到的宇宙，排列布置得如此精巧，遵循固定的规律。对于这些规律，我们只是约略了解一点。我们有限的大脑无法弄清楚使星球运行的神秘的力。我对斯宾诺莎（Spinoza）①的泛神论特别热衷，但更钦佩他对现代思想所作的贡献，因为他是第一个将人的身体和灵魂作为一体讨论的哲学家。"[51]

爱因斯坦经常会区分两种类型的上帝，这在宗教

---

① 斯宾诺莎（1632～1677），荷兰唯物主义哲学家。——译者

讨论中经常被混为一谈。首先，有个人的上帝，即聆听个人的祈祷、将海水分开、显示神迹的上帝。这是圣经中所说的上帝，干预人间事务的上帝。其次就是爱因斯坦所信奉的上帝，是斯宾诺莎的上帝，是创造了宇宙中简单而优美的定律的上帝。

即便是处在媒体的漩涡中，爱因斯坦还神奇地对自己的学科保持关注，一直致力于探索宇宙的定律。长时间乘坐越洋轮船或坐火车旅行的时候，他都让自己躲开干扰，专心工作。这段时间爱因斯坦所关注的是自己建立的方程式在解决宇宙本身的结构方面的作用。

第6章　大爆炸和黑洞

宇宙有没有开始？宇宙是有限的还是无限的？它有没有终结？爱因斯坦开始考虑自己的理论对于宇宙能揭示出什么。他和牛顿一样，遇到了困扰物理学家几个世纪的问题。

1692 年，牛顿在完成了《自然哲学之数学原理》（*Philosophiae Naturalis Principia Mathematica*）这一杰作后，收到了理查德·本特利（Richard Bentley）的一封信。这封信让他颇感困惑。本特利指出如果引力是相互吸引而不相互排斥，那么任何静态的星群都会塌缩到一起。这一简单但是却非常有力的见解非常令人迷惑，因为宇宙看来非常稳定，但只要假以时日，整个宇宙却会塌缩！本特利其实是把信奉引力是相互之间的吸力的各种宇宙论中的核心问题单独拿了出来：有限的宇宙必然是不稳定且动态的。

牛顿在考虑过这个费脑筋的问题后，给本特利回了封信，说宇宙要想避免塌缩，必然包含无限的、均衡分布的星球。假如宇宙确实是无限的，那么每个恒星在各个方向上都受到相同的引力，这样，如果引力是吸力的话，宇宙才能保持稳定。牛顿写道："如果物质是均匀分布在无限的空间上，它就永远不会塌缩成一个整体……太阳和其他恒星可能就是这样形成的。"[1]

但如果我们作这样的假定，那么就会带来另一个更深层的问题，称作"奥伯斯佯谬"（Olbers'paradox）。该佯谬提出了一个简单的问题：夜空为何是黑的？如果宇宙真的是无限、静态、均衡的，那么不论我们朝哪个方向看，都会看到天上的一颗恒星。因此，从各个方向都会有无限多个同等数量的星光传递到我们的眼球，这样，夜空就应该是亮的，而不是黑的。因此，如果宇宙是均衡但有限的，它就会塌缩；但如果是无限的，天空就会一直亮如白昼！

200多年后，爱因斯坦遇到了同样的问题，不过这次问题乔装改扮了一下。1915年的时候，宇宙在人们眼中还是个舒服的所在，里面包含的是一个静止而孤独的星系，即银河系。这个闪亮的穿越夜空的光带包含有数十亿颗恒星。但是当爱因斯坦开始考虑自己的方程式时，他发现了一个意想不到的困扰他的问题。他假设宇宙中充满了同样的气体，将恒星和星云联系在一起。令他惊讶的是，他发现这个宇宙是动态的，倾向于膨胀或是收缩，永远不是稳定的。他很快就发现自己面临着困扰了牛顿等物理学家以及哲学家几百年的问题。有限的宇宙在引力的作用下绝不是稳定的。爱因斯坦不得不像牛顿一样面对一个收缩或是膨胀的动态宇宙，但他当时还没作好心理准备去抛弃旧的永恒、静态的宇宙观。就连爱因斯坦这样具有创新精神的人还没有创新到接受宇宙是膨胀的或是有开端这样的观点。对此，他提出了一个很虚弱无力的解释。1917 年，他给方程引入了所谓的"宇宙常数"这么一个"胡说系数"。这个系数给方程安排了一个起排斥作用的反引力，以平衡引力的作用。宇宙通过强制的手段变成了静态的。

为了把这一招玩得巧妙些，爱因斯坦意识到广义相对论背后的主要的数学指导原则广义协变原理允许有两个可能的广义协变对象：里奇曲率（它构成了广义相对论的基础）和时空的体积。因此，它的方程式就有可能加上第二个条件，与广义协变相容，而且与宇宙的体积成正比关系。换言之，宇宙常数为虚无的空间赋予了能量。这种反引力现在称作"暗能量"，是纯粹真空包含的能量。它可以将星系分离，也能使它们聚到一起。爱因斯坦选择的宇宙常数恰好抵消了引力所引起的收缩，这样宇宙就是稳定的了。他对此并不满意，因为它带有数学诈骗的味道。但是如果他希望宇宙保持稳定，就不得不如此。（天文学家又花了 8 年时间才最后找到宇宙常数存在的证据，现在它被看作是宇宙中最主要的能量源。）

这一疑惑随着更多对爱因斯坦方程式的解决方案的提出而加深了。1917 年，荷兰物理学家威利姆·德·西特（Willem de Sitter）发现爱因斯坦的方程式有一个奇怪的解：空无一物的宇宙仍会膨胀！只需有宇宙常数，即真空的能量来驱动宇宙膨胀即可。这让爱因斯坦非常不安，因为他仍然像自己之前的马赫一样，相信时空的本质受宇宙中的物质的决定。而现在，空无一物的宇宙也会膨胀，只需暗能量来推动

109

它就行了。亚历山大·弗里德曼（Alexander Friedmann）在1922年，比利时牧师乔治·勒梅特（Georges Lemaitre）在1927年相继迈出了最后的决定性的一步。他们证实根据爱因斯坦的方程式，可以推导出宇宙正在膨胀。弗里德曼从同质的、各向同性宇宙（isotropic universe）出发，得出了爱因斯坦方程的一个解，其中宇宙的半径或膨胀或收缩。（可惜，弗里德曼于1925年在列宁格勒死于伤寒，未能充分扩展自己的结论。）在弗里德曼-勒梅特描述的图景中，有三种可能的解，到底选择哪一种取决于宇宙的密度。如果宇宙的密度超过了某个临界值，那么宇宙就会最终停止膨胀，受引力影响开始收缩。（临界的密度大约是每立方厘米10个氢原子。）在这样的宇宙中，整体的曲率是正值（我们可以将其和球体类比一下，球体的曲率也是正值）。如果宇宙的密度小于此临界值，那么引力就不足以扭转宇宙膨胀的趋势，因此宇宙会无限膨胀下去。（最终，宇宙的温度会接近绝对零度，膨胀到所谓的"大冷冻"状态）。在这个宇宙中，整体的曲率是负值（比如，马鞍或小号的曲率就是负值）。最后，还有一种可能，是宇宙在临界点上获得平衡（在此情况下，它仍会无限地膨胀）。此时宇宙的曲率为0，因此宇宙是扁平的。因此，原则上来讲，可以通过测定宇宙的密度来确定其命运。

但是这个研究方向非常令人迷惑，因为此时已经有了关于宇宙演变的三个模型（爱因斯坦模型、德·西特模型和弗里德曼-勒梅特模型）。这个问题直到 1929 年才解决。天文学家埃德温·哈勃最终解决了这一问题。他的研究结果动摇了天文学的基础。他首先证明在银河系以外还有其他星系，推翻了单一星系的宇宙理论。（宇宙远远不是只有一个包含上千亿颗恒星的星系，而是包含数十亿个星系，每一个都包含上千亿颗恒星。仅仅一年时间，宇宙就发生了爆炸般的膨胀。）他发现，宇宙中有可能存在有数十亿个星系，其中最近的星系是仙女座（Andromeda），离地球有 200 万光年。["星系"这个词实际上来自希腊语的"牛奶"，因为希腊人觉得银河系（英语中称 the Milky Way，即"牛奶路"）是众神在夜空中泼洒的牛奶。]

仅仅这一个发现就足以奠定哈勃作为天文学巨匠的地位。但是哈勃并没有就此止步。1928 年，他去了一趟荷兰。这一趟旅行将要改变他的命运。在那里他会见了德·西特（de Sitter），后者宣称爱因斯坦的广义相对论用红移和距离之间的关系，预计宇宙正在膨胀。星系离地球越远，它远离地球移动的速度就越快。（这里所说的红移和爱因斯坦在 1915 年所说的红移有所不同）。这种红移是由于宇宙膨胀，星系远离形成的。例如，如果一个黄色恒星远离我们，光速保持恒定，但是它发出的光的波长却会被"拉长"，因此恒星的黄色光会偏红。与此相似，如果黄色恒星朝地球靠近，其波长会像手风琴一样被压缩，它发出的光就会偏蓝。

哈勃回到威尔逊山天文台后，开始系统地确定各个星系的红移量，看看其相互关系是否能吻合起来。他知道，早在 1912 年，维斯托·迈尔文·斯莱弗（Vesto Melvin Slipher）就证明一些遥远的星云在远离地球，造成了红移。哈勃现在系统地计算了星系的红移量，发现这些星系都在远离地球——换言之，宇宙以极大的速度在膨胀。他接着发现他得到的数据与德·西特的推测吻合。星系离开地球的速度越快，其距离地球就越远（反之亦然）。这就是哈勃定律。

哈勃以距离和速度为坐标轴画了一个曲线图，将星系绘制在上面，发现得到的近似一根直线。这和广义相对论的预计相吻合，其角度现在称作"哈勃常数"。哈勃特别关心自己的结果是否和爱因斯坦的理论吻合。（可惜，爱因斯坦的模型中有物质但无运动，德·西特的模型中有运动无物质。他的研究结果确乎和弗里德曼及勒梅特的吻合，因为这个模型中既有物质也有运动。）1930 年，爱因斯坦来到了威尔逊山天文台，第一次见到了哈勃。（那里的天文学家对他们拥有的巨型 2.54 米直径的望远镜特别自豪，那是当时世界上最大的天文望远镜。它能够确定宇宙的结构。可是爱尔莎对它却无动于衷。她说："我丈夫在一张旧信封的反面就确定了宇宙的结构。"[2]）哈勃向爱因斯坦解释了自己历尽艰辛，分析每个远离银河系的星系数据得到的结果。爱因斯坦听后承认宇宙常数是自己一生所犯的最大错误。爱因斯坦认为自己提出的宇宙常数这一概念，本来是为了保持宇宙的稳定，现在可以抛弃了。宇宙的确如他自己 10 年前发现的那样在膨胀。

　　而且更深入地看，爱因斯坦的方程式可能是哈勃定律最简单的衍生表述。假设宇宙像一个正在膨胀的气球，星系则是印在气球表面上的小点。对于位于任何一个小点上的蚂蚁来说，在它看来，其他所有的点都在远离它。与此相似，离蚂蚁越远的点离开的速度也越快，这和哈勃定律的表述也是一致的。因此，爱因斯坦的方程式就使我们对于一个古老的问题有了新的见解：宇宙是否有尽头？如果宇宙的尽头是一堵墙，那么我们会问：墙后边是什么？哥伦布当年认为地球是圆的，可能早在那时他就给出了这个问题的答案。从三维结构看，地球是有尽头的（只是飘浮在空间的一个球体）；可是从二维角度看，地球是没有尽头的（我们可以绕其圆周无休止地转圈），任何在地球表面行走的人都无法找到其尽头。因此，地球同时既是有限的也是无限的，这取决于测量时使用的维度。与此相似，我们也可以说，从三维的角度看，宇宙是无限的。空间中不存在一堵墙标明哪里是宇宙的尽头；发射到宇宙空间的火箭永远也不会撞到宇宙的外墙。然而，在四维空间中，宇宙则有可能是有限的。［假如宇宙是个四维的球体，或称超球面（hypersphere），我们则可以环游整个宇宙，然后回到起点。在这个宇宙中，你用望远镜所能看到的最远的物体，就是自己的后脑勺。］

　　假如宇宙是按照固定的速率在膨胀，那么我们可以颠倒这一过程，计算出膨胀开始的时间。换言之，宇宙不仅有起点，人们甚至还能计算出其年龄。（2003年，卫星数据表明宇宙的年龄是137亿年。）1931年，勒梅特假定宇宙的起源是个超级炽热的物体。按照爱因斯坦的方程式进行逻辑推理，就能够看出宇宙的起源应该是怎样的。

1949年，宇宙学家弗莱德·霍伊尔（Fred Hoyle）在BBC电台讨论的时候将这称作"大爆炸"（big bang）。由于它所持的理论其实与上述理论相反，就有这样一个传说：人们故意说他发明了"大爆炸"这个词来奚落他（虽然他后来否认了自己的理论）。不过，必须指出，big bang（大爆炸）这个词纯属用词不当。首先，宇宙的起点不大，而且也没有爆炸。宇宙的起点是个无穷小的"奇点"（singularity）。而且也不存在常理上的所谓爆炸，因为是空间自身的膨胀将星球推开。

爱因斯坦的广义相对论不仅引入了人们始料未及的宇宙膨胀和大爆炸等概念，它还引入了另一个概念：黑洞。这一概念从一开始就让天文学家为之着迷。1916年，就在爱因斯坦发表广义相对论一年之后，他接到一个惊人的信息，说物理学家卡尔·史瓦西（Karl Schwarzschild）用他的方程式推导出了一个单一点状星球的情况。此前，对于广义相对论，爱因斯坦使用的都是约数，因为那些方程式太复杂了。史瓦西却找到了精确的解，这让爱因斯坦非常惊喜。史瓦西还是波茨坦的天体物理学天文台的台长，他志愿参加德国军队，前往苏联前线。最让人惊奇的是，他参军期间，躲在掩体里还能抽出时间研究物理学问题。他不仅为德军计算弹道，还计算出了爱因斯坦方程式的最精美的解。现在，这一求解称作"史瓦西解"。（可惜，他寿命太短，未能享受自己的解所带来的荣誉。史瓦西这个相对论领域中最闪亮的一颗新星，在42岁就因病去世。他是因为在苏联前线染上了一种罕见的皮肤病而死的。这对于科学界是一个莫大的损失。爱因斯坦为史瓦西写了一篇动人的悼词。他的死让爱因斯坦更加痛恨战争的残酷与非人性。）

史瓦西解在科学界引起了不小的轰动。它也带来了一个奇怪的推论。史瓦西发现在离这个单点状星球极近的地方，引力非常之大，使得光都无法逃逸，因此这样的星是无法观测到的！不论是对于爱因斯坦的相对论，还是牛顿的万有引力定律，这都是个麻烦的问题。早在1783年，英国Thornhill教长约翰·米歇尔（John Michell）提出了一个问题：恒星是否能大到连光也无法逃逸。他的计算是根据牛顿学说做的，因此很难得到人们的相信，因为当时谁也不知道光速到底是多少。但是他的提法却难以轻易否定。原则上讲，恒星可以大到光只能绕其运行。13年后，数学家皮埃尔-西蒙·拉普拉斯（Pierre-Simon Laplace）在其名作《宇宙体系论》（Exposition du systeme du monde）中也提出了"暗恒星"有可能存在的说法（但是他可能觉得这个想法太漫无边际了，所以在第三版中删除了这一段）。几个世纪后，多亏了史瓦西的研究，暗恒星的问题再次浮出水面。他发现有一个"魔环"围绕着这样的恒星，现在这称作"事件视界"（event horizon），这里会出现时空弯曲。史瓦西证明任何人要是倒霉掉到事件视界中，就再也回不来了。（要想逃逸必须以超过光速的速度运动，而这是不可能的。）事实上，事件视界以内的所有东西都无法逃逸出来，连光线也不行。这个小到一个点的恒星发出的光只能绕着该恒星运行。从外面看去，该恒星看上去就是黑暗包裹的一团。

我们可以用史瓦西解来计算到底需要多少物质压缩到一起才能形成这种魔环，称作"史瓦西半径"。到了这一点，恒星就会完全塌缩。对于太阳来说，其史瓦西半径是 3 千米，即少于 2 英里。对于地球来说，是小于 1 厘米。（由于在 1910 年，这一压缩系数超过了物理上所允许的压缩率，物理学家当时估计谁也不会碰到这样离奇的物体。）可是爱因斯坦对这种恒星的属性研究得越多，就发现它们越奇怪。后来物理学家约翰·惠勒（John Wheeler）将这种恒星命名为"黑洞"。例如，如果你坠入了黑洞，只需一刹那间就会穿越事件视界。在经过它的一瞬间，你会看到光绕着黑洞运动。这些光有可能是亿万年前就被俘获的，一直绕着黑洞运动。最后的 1 毫秒可不好受。引力会大到将你身上的每个原子压塌。死亡不可避免，而且异常恐怖。但是在安全距离外的观察者在看这出宇宙中的死亡时看到的却是完全不同的景象。从你身上发出的光会被引力拉伸，因此看起来你被冻结在时间中了。对于宇宙中其他地方的人来说，你看上去还在黑洞上悬着，一动不动。

事实上，这样的恒星太奇妙了，大多数物理学家认为宇宙中根本不存在这东西。例如，爱丁顿说："自然界中应该存在某个法则，使恒星不会变得这么奇怪。"[3] 1939 年，爱因斯坦试图用数学方法证明这样的黑洞不可能存在。他从恒星的形成开始着手。围绕一空间运动的粒子渐渐受引力影响聚集到一起。爱因斯坦的计算证明这样的粒子会渐渐坍缩，但只能达到 1.5 个史瓦西半径，因此黑洞就永远不会产生。

虽然他的计算看似滴水不漏，但爱因斯坦却显然忽略了一种现象，即恒星的暴缩（implosion）。这是由巨大的引力使得物质内部的所有原子核出现坍缩引起的。这一更为精细的计算由尤里乌斯·罗伯特·奥本海默（J. Robert Oppenheimer）和他的学生哈特兰·施奈德（Hartland Snyder）于 1939 年发表。他们不是假设在空间旋转的粒子的集合，而是假设有一个静态的恒星其质量大到一定程度，引力足以克服星球内部的量子力。

例如，中子星是由曼哈顿那么大（直径 32 千米）的中子为内核的恒星。保持这个中子星不致塌缩的力量是所谓的费米力。这种力决定了不会有超过一个以上的具有一定的量子数（例如自旋）的粒子处于同一种状态。如果引力足够大，大到可以超过费米力，那么就能将恒星压缩到小于史瓦西半径。至此，科学家就不知道还有什么力能够避免完全的坍缩了。不过，又经过了 30 年，人们才观测到中子星和黑洞，因此人们认为当时大多数探讨黑洞问题的论文都是猜测性的。

虽然爱因斯坦对黑洞仍存有很大疑虑，但是他自信，总有一天，自己的另一个预言会被证实：发现引力波。我们已经看到，麦克斯韦方程的一个胜利是预见到电场和磁场的振动会制造出可见的波动。同样，爱因斯坦想到他的方程式能否允许引力波的存在。在牛顿的世界中，引力波是不存在的，因为引力的"力"是瞬间传遍宇宙的，在同一时间作用于所有的对象。但是在广义相对论中，在某种意义上，引力波必须存在，因为引力场的扰动不能超过光速。因此，类似两个黑洞相撞这样的大事件会释放出引力波，以光速传播。

早在1916年，爱因斯坦就能较为精确地证明他的方程式的确可以产生类似波的引力波运动。据估计，这些波动沿着时空网络以光速传播。1937年，他和学生内森·罗斯（Nathan Rosen）一起，精确计算出了能够推导出引力波的方程，其中不包含任何约数。从此，引力波成了广义相对论的一个确凿的预言。不过，爱因斯坦一直没有机会看到引力波的证据，这让他很遗憾。计算表明，当时科学家的实验能力还远远不足以观测到引力波。（自从爱因斯坦第一个通过方程提出引力波的概念之后，又过了将近80年，才有物理学家首次发现引力波存在的间接证据。相关的科学家还因此获得了诺贝尔奖。第一次直接测到引力波大约是爱因斯坦预言后90年才实现。回过头来看，这些引力波有可能是探索大爆炸本身并找到统一场论的最终途径。）

1936 年，捷克工程师鲁迪·曼德尔（Rudi Mandl）跟爱因斯坦探讨他的一个想法，这和空间和时间的另一个奇怪属性相关。他问爱因斯坦，能否借用附近恒星的引力来放大遥远恒星的光，就好像用光学镜片放大光一样。爱因斯坦在 1912 年就考虑过这种做法的可能性，这次在曼德尔的提醒下，他进行了计算，发现这样的镜片会在地球上的观测者眼前形成环状的图样。例如，假设来自遥远星系的光在附近的一个星系旁边穿过。附近星系的引力有可能把光一分为二，每一部分都沿相反的方向绕过该星系。当光线最终经过这一星系时，两束光线重合了。从地球上来看，这两束光形成了光环，这是光线在附近的星系弯曲所造成的假象。不过，爱因斯坦总结说："我们没多大希望直接看到这一现象。"[4]事实上，他写道，这一研究"没太大价值，但却使那个可怜的人［曼德尔］感到幸福"。[5]爱因斯坦又一次大大地超前了。60年后，人们才发现爱因斯坦透镜和光环，并且将它变成了天文学家探索宇宙不可缺少的工具。

广义相对论取得了成功，且具有深远的意义。但这一理论在20世纪20年代中期尚未使爱因斯坦为自己毕生为之奋斗的事业做好准备：创立统一场论，将物理学理论统一起来，并同时结束和"恶魔"——量子理论——的战斗。

第三部　未完成的图景　统一场论

第7章 统一场论和量子的挑战

1905 年，爱因斯坦在刚刚建立了狭义相对论之后，就开始对它失去了兴趣。因为他头脑中已经有了一个更大的目标：广义相对论。1915 年，同样的情景再次出现。在建立了引力理论之后，他的兴趣开始转向更宏大的目标：统一场论。该理论将能把他的引力理论和麦克斯韦的电磁理论统一起来。这将成为他的巅峰之作，也是人类科学 2000 多年来探索引力和光的本质的最后总结。这一理论将使他能够"读懂上帝的心思"。

爱因斯坦并不是第一个提出电磁和引力有可能存在关系的人。就职于伦敦皇家学会的法拉第在 19 世纪就做过最早的一批实验，来探索这两种力之间的关系。比如，他曾从伦敦桥上抛下磁铁，看看它们坠落的速度和普通的石头有什么不同。如果磁铁与引力相互作用，那么磁场有可能干扰引力，使磁铁的下落速度出现变化。他还在课堂里抛掷金属块，看看其下落能否在金属内部产生电流。他的所有实验的结果都是负面的。不过，他记录道："这并不能动摇我强烈的直觉。我认为引力和电流之间存在关系，虽然我的实验无法给出这种关系存在的证据。"[1] 后来，建立了任何维度中弯曲空间理论的黎曼也坚信引力和电磁力都能用简单的几何推导来证明。可惜，他头脑中没有任何的物理图景，也没有关于场的方程，因此他的想法得不到证实。

爱因斯坦有一次在对比大理石和木头的时候总结了自己对于统一论的观点。爱因斯坦认为大理石代表的就是几何学的美丽世界，在里面各种表面都平滑连续地弯曲。恒星和星系组成的宇宙就是时空组成的大理石。另一方面，木头代表的则是物质的混沌世界，里面布满了亚原子粒子的丛林以及量子物理的荒谬的规则。这块木头就像是盘曲纠结的藤条，以随机、无法预言的方式生长。原子内部新发现的粒子使得物质的理论越发丑陋。爱因斯坦看到了自己方程中的缺陷。最致命的缺陷是木头决定了大理石的结构。时空弯曲的量总是受木头的量所决定。

这样一来，爱因斯坦的战略意图就明确了：创立一种纯粹的大理石理论，用大理石理论中的术语统一木头，将木头最终剔除出去。如果木头本身显示出其实它自己是由大理石构成的，那么他就能得到纯粹几何学的理论。例如，点粒子是无穷小的，在空间中没有任何延伸。在场理论中，点粒子是由"奇点"代表的，即一个场力无穷大的一个点。爱因斯坦想重新组织空间和时间代替这一奇点。例如，想象一下绳子上的结。从远处看，这个结就像是一个粒子，但是靠近了看，就会发现它根本不是粒子，而是绳子上的一个褶。与此相似，爱因斯坦希望创立一种纯粹几何化的理论，里面不存在任何特例。亚原子粒子，如电子，在这一理论框架下会变成时空表面的一种褶。然而，根本的问题是他缺乏具体的对称原理以及相关原则来将电磁和引力统一起来。如我们先前所看到的，爱因斯坦想法的关键是通过对称性来实现统一。在研究狭义相对论时，他脑子中有相应的图景，不断引领他，与一束光进行赛跑。这一图景揭示出了牛顿力学和麦克斯韦的场论之间根本的对立。由此出发，他能够提炼出一个原则，即光速恒定。最后，他建立了将空间和时间统一起来的对称性，即洛伦兹变换。

与此相似，对于广义相对论，他又获得了另一认识，即引力是由空间和时间的弯曲造成的。这一认识揭示了牛顿的引力理论（在其中引力的传播是瞬间实现的）和相对论（光速无法超越）之间的根本对立。从这一认识出发，他提炼出了一个原则，即等效原理。该原理指出加速体系和引力体系都受同样的物理学原理的支配。最后，他推导出了描述加速和引力环境的对称性，即广义协变原理。

当时爱因斯坦面临的问题的确令人望而生畏，因为他至少超前了50年。20世纪20年代，当他开始着手研究统一场论的时候，唯一确定的力是电磁力和引力。1911年欧内斯特·卢瑟福（Ernest Rutherford）才发现原子核。但使原子核结合在一起的力仍然是个谜。由于不了解原子核的力，爱因斯坦就缺乏解决谜题的核心部分。再者，没有任何实验或观测证据表明引力和电磁力之间存在对立，可以让爱因斯坦抓住做文章。

数学家赫尔曼·外尔（Hermann Weyl）受到爱因斯坦寻找统一场论的启发，于1918年作出了第一个严肃的尝试。起初，爱因斯坦对此不感兴趣。他写道："这是极富匠心的交响曲。"[2]外尔对爱因斯坦旧的引力定律进行了扩展，把麦克斯韦场直接加入了方程式。接下来，他宣称，这些方程在爱因斯坦理论之外的更多的对称性下也是协变的，其中包括标度变换（即能够膨胀或收缩所有距离尺度的变换）。不过，爱因斯坦很快就发现该理论中有一些不规则情况。例如，假如我们作环形运动，回到起点，就会发现自己变矮了，但体型还是一样。换言之，长度无法保持。（在爱因斯坦的理论中，长度也会变化，但是如果我们回到起点，长度就会保持不变。）在闭合的路径中时间也会改变，但是这会违背我们对于物理世界的理解。例如，这意味着如果振动的原子绕着圆周运动，当它们回到起点的时候，振动的频率就会改变。虽然外尔的理论很有创造性，但是却必须抛弃，因为它和数据不吻合。（现在回想起来，我们可以看出，外尔的理论中包含有太多的对称性。尺度不变性显然不是自然界用来描述可见的物质世界的一种对称性。）

1923年，亚瑟·爱丁顿（Arthur Eddington）也发现了其中的错误。受外尔研究的启发，爱丁顿（以及他之后的许多人都）尝试研究统一场论。和爱因斯坦相似，他也以里奇曲率理论为基础建立了一种理论，但是距离的概念没有出现在他的方程式中。换言之，在其理论中，不可能定义米或秒；该理论是"前几何学"的。只有到了最后一步，距离才出现，成为方程式的结果。电磁学按说是里奇曲率的一部分。物理学家沃尔夫冈·泡利（Wolfgang Pauli）不喜欢这个理论，认为它"对物理学毫无意义"。[3]爱因斯坦也曾指责它没有物理的内容。

但是爱因斯坦在1921年读到的一篇论文却令他大为震惊。该论文是哥尼斯堡大学的一位不知名的数学家卡鲁扎（Theodr Kaluza）写的。卡鲁扎建议爱因斯坦这位四维概念的先驱，往其方程式中再加入一个维度。卡鲁扎开始重新将爱因斯坦的广义相对论转为五维的（4个空间维度，1个时间维度）。这一点都不麻烦，因为爱因斯坦的方程式可以以任何维度来表示。因此，只经过了几个步骤，卡鲁扎就证明如果把第五个维度从另外四个分离开，爱因斯坦的方程式就和麦克斯韦方程一起出现了！换言之，每个工程师和物理学家都必须硬着头皮记住的由8个不同的公式构成的麦克斯韦方程，现在可以简化为第五维度中传播的波的形式。从另外一个角度说，只要把爱因斯坦的相对论扩展为五维，麦克斯韦的理论早已隐藏在其中了。

爱因斯坦被卡鲁扎大胆而漂亮的证明震惊了。他写信给卡鲁扎说："通过五维世界来达到统一是我从未想到的……第一眼看去，我就非常喜欢这个主意。"[4]几个星期后，研究过该理论后，他写道："你的理论其形式的统一性非常令人惊讶。"[5]1926年，数学家奥斯卡·克莱因（Oskar Klein）对卡鲁扎的研究作了归纳，猜测第五维是无法观测到的，因为它太小了，很可能和量子理论相关联。卡鲁扎和克莱因因此提出了一个完全不同的获得统一的途径。对他们来说，电磁学只不过是沿着小小的第五维度表面传播的振动。

例如，我们设想一下生活在浅浅池塘中的鱼，在睡莲的叶子下游来游去，它们可能会认为宇宙是二维的。它们可以向前向后、向左向右移动，但是却不会有"向上"进入第三维度的概念。如果它们的宇宙是二维的，它们又怎会知道神秘的第三维度的存在呢？假设某一天下雨了。第三维度的小小的涟漪在池塘表面传播，鱼儿都能看见。随着这些涟漪在池塘表面荡开，鱼儿可能会认识到有一种神秘的力影响着它们的宇宙。与此相似，在五维的图景中，我们就是那些鱼儿。我们生活在三维空间中，意识不到还会有更高的超过我们感官的维度存在。我们与看不见的第五维度的唯一接触可能就是光，现在被看作是沿着第五维度传播的涟漪。

卡鲁扎-克莱因的理论能这么好地起作用，有一个原因。回顾一下，通过对称性获得统一，是爱因斯坦通往相对论的高明策略。在卡鲁扎-克莱因理论中，电磁和引力由于有了新的对称性，即第五维度的广义协变而统一了起来。通过引入另一个维度，可以将引力和电磁力统一起来。虽然这一图景立即就显示出其诱人之处，但还是有一个令人不安的问题：这第五维度到底在哪里？直到今天，也没有任何实验能够找到任何超出长、宽、高的更高空间维度存在的证据。如果这些更高的维度存在，那么它们必定非常之小，比原子还要小许多。例如，我们知道如果在屋子里释放氯气，该气体的原子就能渐渐充满任何房间的空隙，而不会消失在神秘的额外的维度中。因此我们可以得出结论，隐藏的维度必定小于任何的原子。根据这一新的理论，如果把第五维度看作是小于原子的尺度，那么就和所有的实验测量相吻合，因为这些实验从未测出第五维度的存在。卡鲁扎和克莱因推测第五维度"蜷缩"成了一个小球，它太小了，通过实验的方法都观察不到。

虽然卡鲁扎-克莱因理论是将电磁和引力统一起来的新鲜而迷人的办法，但爱因斯坦最终还是对其存有疑惑。考虑到第五维度有可能根本不存在，有可能只是数学上的幻想，这让他一直感到担忧。另外，在卡鲁扎-克莱因理论中找到亚原子粒子有困难。他的目标是从引力场的方程式中推导出电子。可他尽自己所能也找不到解决办法。〔现在回想起来，这是物理学上丧失的一个巨大机遇。如果物理学家能够更重视卡鲁扎-克莱因理论，他们可能在五维的基础上再增加几个维度。随着维度的增加，麦克斯韦场也随之增加，变成我们所说的"杨-米尔斯场"（Yang-Mills fields）。其实在20世纪30年代克莱因就发现了杨-米尔斯场，但是他的研究工作后来被人遗忘了，这是由于第二次世界大战带来的混乱所致。后来，20年后，即20世纪50年代中期，杨-米尔斯场才重新被发现。

现在这些杨-米尔斯场构成了核力的基础。几乎所有的亚原子物理学都是以其为基础建立的。又过了 20 年，卡鲁扎-克莱因理论也以弦理论这一新的面貌重新浮出水面。弦理论被认为是实现统一场论的头号选择。]

爱因斯坦的做法是兼收并蓄。假如卡鲁扎-克莱因理论失败了，他就必须探索通往统一场论的新路。他的选择是探索超越黎曼几何的几何学。他咨询了许多数学家，很快就发现这是一个全新的开放领域。事实上，在爱因斯坦恳求下，许多数学家都开始研究"后黎曼"几何学，或称"联系理论"（theory of connections），来帮助他探索新的可能存在的宇宙。包含有"扭转（torsion）"和"扭曲空间（twisted spaces）"的新几何学很快就建立起来。（这些抽象的空间直到 70 年后超弦理论出现，才开始能应用于物理学。）

不过，研究后黎曼几何学是一场噩梦。爱因斯坦当时没有任何的物理原则来帮助他穿越抽象的方程式构成的丛林。此前，他将等效原理和广义协变原理作为自己研究的指针。这两者都有坚实的实验数据作基础。他还借助物理图景来为自己指引道路。然而，对于统一场论，他没有任何能够指导他的物理原则。

全世界对爱因斯坦的研究工作都异常感兴趣。他对普鲁士科学院作的统一场论的报告，《纽约时报》都进行了报道，甚至还刊登了他的论文的节选。很快，就有数百名记者云集在他家周围，希望能看他一眼。爱丁顿写道："听说伦敦的一家大百货商店（Selfridges 商店）在橱窗里贴出了你的论文（六篇论文并排贴在一起）让过路人阅读，你可能会感到有趣。大批的人聚集在橱窗前阅读这些论文。"[6] 不过，爱因斯坦倒是愿意把全世界所有人给他的赞美拿来换取一个简单的物理图景，以指导自己的研究。

渐渐的，开始有其他物理学家暗示爱因斯坦的方法有误，他对物理学的直觉骗了他。其中的一个批评来自他的朋友兼同事沃尔夫冈·泡利（Wolfgang Pauli）。他是量子理论的早期探索者之一。在科学界，他的聪明才智是有名的。有一次，对于一份错误的物理学论文，他评价道："这根本都算不上是错。"[7] 看过一个同事写的论文后，他说："你思考有点慢我倒不介意，但是对于你发表起论文来倒比思考的速度还快我却不能苟同。"[8] 在听过一场混乱不堪的学术会议后，他说："你们说的简直太乱套了，叫人都分不清是不是胡言乱语。"[9] 一位物理学同仁曾抱怨泡利为人太尖刻，他回答说："有些人长着敏感的鸡眼。和他们共事的唯一办法是踩在他们的鸡眼上，直到他们习惯为止。"[10] 他关于统一场论有一个著名的说法，即上帝撕碎的东西，不希望人拼合起来。（讽刺的是，泡利后来也加入到统一场论的研究中，指出其中的问题，提出了自己的看法。）

泡利的看法后来得到许多物理学同仁的认可。这些人越来越关注量子理论。这是 20 世纪所创立的另一重大理论。量子理论是有史以来物理学中最成功的理论之一。对于解释原子世界，量子理论居功至伟。

而且还捎带着催生出了激光、现代电子科学、计算机以及纳米技术。不过，讽刺的是，量子理论建立在沙土之上。在原子世界中，电子似乎是同时出现在两个位置，而且事先不发出警告就在轨道间跳来跳去，而且在存在与不存在之间变来变去。早在 1912 年，爱因斯坦就评论说："量子理论越是成功，看起来就越蠢。"[11]

1924 年，量子世界的一些奇怪的特性就开始大白于世。爱因斯坦收到了一位当时还是无名小辈的印度物理学家玻色（Satyendra Nath Bose）的来信。玻色的统计物理学论文内容太过古怪，直接被学术期刊拒之门外。玻色试图扩展爱因斯坦早期在统计力学上的研究，寻找对于气体的完全量子力学上的解释，将原子也看作是量子。正如爱因斯坦扩展了普朗克的研究，创立了光理论，玻色提出也可以将爱因斯坦的理论推广到气体原子的完全量子化的理论。爱因斯坦作为这一领域的大师，认识到玻色虽然出了几个错，所作的假设也有不成立的，但其最终的答案却似乎是正确的。爱因斯坦不仅对论文感兴趣，而且还亲自将其翻译成德语，投给学术期刊发表。

然后他扩展了玻色的研究，自己又写作了一篇论文，将研究结果应用于超级冷——仅比绝对零度高一点——的物质。玻色和爱因斯坦发现了量子世界的一个奇怪的现象：原子是不分彼此的；也就是说，原子都是一样的，这和玻尔兹曼以及麦克斯韦想象的有所不同。在现实世界中，石头、树木等东西都能贴上标签，看出异同，但在量子世界中，所有的氢原子在实验中都是一样的。不存在绿色的氢原子、黄色的氢原子这样的分别。爱因斯坦然后发现，如果一堆原子冷却到接近绝对零度，几乎所有的原子活动都停止了，那么所有的原子会降到最低的能量级，创造出一个单一的"超级原子"。这些原子会凝聚成同样的量子状态，其行为看上去就好像是一个巨大的原子一样。他提出的是一种物质的全新形态，这种形态以前地球上从未出现过。不过，要想让原子进入最低的能量状态，就必须把温度降得极低，大约只比绝对零度高百万分之一度。这一温度低得都无法通过实验测量。（在如此低的温度下，原子的振动停止了，本来单个原子的微小的量子作用现在分布到整个原子凝聚上。就好像是足球场上的观众制造的"人浪"一样，处于"玻色-爱因斯坦凝聚"的原子也都行动一致。）但是爱因斯坦在其有生之年一直无缘看到玻色-爱因斯坦凝聚，因为20世纪20年代的技术无法实现接近绝对零度的实验温度。（事实上，爱因斯坦太超前了。大约70年后，他的预言才得到验证。）

除了玻色-爱因斯坦凝聚以外，爱因斯坦还对自己提出的二象性是否能应用于物质和光感兴趣。在1909年所作的讲座中，爱因斯坦指出光具有双重属性，即它同时可以具有粒子属性和波的属性。虽然这一提法在当时是个异端，却完全得到了实验结果的支持。一个叫路易斯·德·布罗意（Prince Louis de Broglie）的人受到爱因斯坦二象性的启发，于1923

年提出甚至连物质本身也同时具有粒子和波的属性。这是个大胆的革新概念，因为长期以来人们一直认为物质是粒子构成的。德·布罗意受爱因斯坦对于二象性研究的启发，他通过对物质引入波动性质，就能解释原子的一些神秘特性。

爱因斯坦很喜欢德·布罗意提出的大胆的"物质波动性"，并大力宣传其理论。（德·布罗意后来由于这一开创性的工作获得了诺贝尔奖。）可是，如果物质有波动性，那么其波动与哪个方程式吻合呢？经典物理学家在用方程表达海浪、声浪等方面有丰富的经验，因此奥地利物理学家欧文·薛定谔（Erwin Schrodinger）受到启发，开始用方程式表示物质的波动。薛定谔是个很有女人缘的人。1925年圣诞节假期期间，他正和自己的无数个女友中的一个住在阿罗萨的荷维格别墅。他竟然能找出时间写出了一个方程式，后来成了量子物理学中最著名的公式，称作薛定谔波动方程。薛定谔的传记作家沃尔特·摩尔写道："就像激发了莎士比亚灵感写出了许多十四行诗的黑美人一样，这位阿罗萨美人可能永远是个谜了。"[12]（可惜，薛定谔这一辈子女友和情人过多，还有一帮子私生子，不可能确认到底谁是激起了他的灵感写出这个方程式的缪斯。）在接下来的几个月中，薛定谔发表了一系列著名论文，表明尼尔斯·玻尔所发现的氢原子的奇怪规律都可由他的方程式推导出来。物理学第一次有了原子内部具体的图景。借此，我们可以计算出更复杂的原子的属性，甚至是分子的属性。仅仅几个月的时间，新的量子理论就变成了一台压路机，把原子世界中的最困扰人的问题一一清除，解答了自古希腊以来科学家百思不得其解的谜团。电子在轨道间运动，释放出光脉冲或是将分子结合在一起。它们的舞蹈忽然就能够计算了，成了微分方程的一部分。年轻气盛的量子物理学家保罗·艾德里安·莫里斯·狄拉克（Paul Adrian Maurice Dirac）甚至夸口说全部的化学都可以用薛定谔方程来解释，从而将化学变成了应用物理学的一部分。

因此，基于薛定谔的波动理论，爱因斯坦作为光子的"旧量子理论"之父，成了"新量子理论"的教父。（现在，高中生在学化学的时候记忆绕着核子的像足球的环绕物的时候，会注意到它们都标着"量子数"。实际上，他们记的是薛定谔波动方程的答案。）此时，量子物理学的发展大大加速了。狄拉克在意识到薛定谔方程中并未融入相对论之后，仅仅过了两年，他就将薛定谔方程变成了完全相对论化的电子理论，物理学界再次为之震惊。虽然薛定谔方程不包含相对论的内容，而且只能应用于运动速度相对于光来说较低的电子上，狄拉克的方程却完全吻合爱因斯坦的对称性。而且，狄拉克方程可以自动解释电子的模糊属性，其中包括其"自旋"（spin）。奥托·斯特恩和沃尔特·盖拉赫此前做的实验表明电子的行为就像磁场中的陀螺，其角动量为 1/2（单位是普朗克常数）。狄拉克的电子得出的自旋角动量与斯特恩-盖拉赫实验的结果完全吻合。（麦克斯韦场，代表光子，自旋为 1，爱因斯坦的引力波自旋为 2。狄拉克的研究表明亚原子粒子的自旋是其重要属性之一。）

狄拉克还更进了一步。通过分析这些电子的能量，他发现爱因斯坦忽略了自己方程式的一个解答。一般情况下，求一个数的平方根的时候，我们有正负两个解。例如，4 的平方根可以是正 2，也可以是负 2。爱因斯坦在其方程式中忽视了平方根的问题，因此他的 $E = mc^2$ 这一方程式并不完全正确。正确的方程式应该是 $E = \pm mc^2$。狄拉克指出，外加的这个负号，表明可能存在一个镜像的宇宙，这个宇宙中的粒子都是"反物质"。[13]（可巧，比 1925 年略早几年，爱因斯坦自己也考虑过反物质的问题。他指出将相对论方程中的电子的电荷变为相反，如果同时反转空间的方向，也能得到同样的方程式。他表明任何物质的粒子，都必然存在电荷相反但结构相同的粒子。相对论不仅让我们认识到了第四维度，还使我们意识到反物质构成的平行宇宙。不过，爱因斯坦是个不爱争谁先谁后的人，因此也就非常大度地没有跟狄拉克争。）

起初，狄拉克的激进观点遭到了强烈的质疑。通过 $E = \pm mc^2$ 这个公式推导出存在有反物质构成的镜像宇宙，听起来就像是无稽之谈。量子物理学家沃纳·海森堡（Werner Heisenberg）（他和尼尔斯·玻尔各自独立发现了和薛定谔方程等价的量子理论方程）写道："现代物理学中最令人伤心的一章就是而且一直是狄拉克的理论……我认为狄拉克的理论是……博学的垃圾，没有人会认真对待它。"[14] 可是，到了 1932 年，正电子被发现，物理学家不得不收起其高傲的态度。后来，狄拉克为此获得了诺贝尔奖。海森堡最终承认："我认为发现反物质是我们这个世纪中所有的重大跨越中最大的跨越。"[15] 相对论再一次带来了意想不到的财富，这一次是反物质所构成的全新的宇宙。（奇怪的是，薛定谔和狄拉克建立了量子理论最重要的两个波函数，而他们的性格却迥然不同。薛定谔特别有女人缘，狄拉克面对女士却特别腼腆，寡言少语。狄拉克去世后，英国人为了纪念他对物理学所作的贡献，将相对论性的狄拉克方程镌刻在其位于威斯敏斯特大教堂中的纪念墓碑上，离牛顿的墓很近。）

很快，全世界的物理学家都开始学习研究薛定谔和狄拉克方程所具有的奇怪而美妙的特性。不过，尽管量子物理学家取得了不可否认的成功，他们仍然需要面对困扰人们的哲学问题：物质如果是波动的，那么究竟什么是波？这也是困扰光的波动理论多年的问题，它直接导致了错误的以太理论的产生。薛定谔波就像是大海中的波浪，在没有干扰的情况下，自己会传播开来。只要时间充足，波函数会在整个宇宙中散播开。但是这违背了物理学家对于电子的所有认知。人们认为亚原子粒子是像点一样的物体，它留下固定的、像喷射的气流一样的痕迹，能够拍摄下来。因此，虽然量子波在描述氢原子方面极为成功，甚至是有点神奇，但是薛定谔波函数似乎不可能描述自由空间中电子的运动。事实上，薛定谔波函数如果真的是代表一个电子，那么它会渐渐耗尽，宇宙也会消散。

这里面肯定出了什么错。最后，爱因斯坦毕生的好友马克斯·玻恩（Max Born）为这一谜题提出了最有争议的解答。1926 年，玻恩做出了关键的一步，声称薛定谔方程根本就无法描述电子，只是给出了找到电子的可能性。

他宣称"粒子的运动依据可能性法则，但可能性的扩散又依循因果律"。[16] 这一新的看法认为物质确实是粒子构成的，而不是波动。底片上的痕迹是点状粒子运动留下的痕迹，而不是波动本身。但是找到任意确定点上的粒子的可能性，却来自波。（更精确一点说，薛定谔波函数的绝对平方代表了空间和时间中某一特定点发现粒子的可能性。）这样一来，薛定谔波函数是否随着时间的推移扩散开就无所谓了。它仅仅意味着如果任由一个电子自己行为，随着时间的推移它会四处游荡，我们无法确切知道它在哪儿。所有的矛盾此时都解决了：薛定谔波函数并非粒子本身，而是代表了找到粒子的可能性。

沃纳·海森堡将此又往前发展了一步。他和玻尔对于这一新理论中冒出来的可能性这一问题苦恼不已，两人经常发生激烈的争执。一天，在对可能性这一问题争论了半天没有头绪后，他在大学后面的公园里一边散步一边不断问自己，为什么无法测知电子的精确位置。既然能够测量其位置，电子的位置为什么像玻恩说的那样不固定呢？

突然，他想到了一点。一切都豁然明了了。为了知道电子在哪儿，你就必须观察它。这就意味着将一束光照射在它上面。但是光线中的光子会和电子碰撞，使得电子的位置不确定。换言之，观察行为本身造成了不确定性。他将此总结为一个新的物理学原理，称作"不确定性原理"，指出我们无法同时测知粒子的速度和位置。（更准确地表述，是位置和动量的不确定性之间的乘积，大于或等于普朗克常数除以4π。）这并不是由于我们使用的测量仪器太粗糙造成的副产品；它是自然界的一条基本法则。就连上帝也无法同时知道某个电子的确切动量和位置。

这是量子理论一头闯入未知的深水区的决定性的时刻。在此之前，人们还可以说量子现象只是统计数字上的，代表的是数以万亿的电子的一般运动情况。现在，就连单个的电子运动也无法确切判定了。爱因斯坦吓了一跳。了解到自己的好友马克斯·玻恩竟然要抛弃决定论这一经典物理学中最被人珍视的信条，他甚至觉得自己被出卖了。决定论宣称，只要知道现在的所有情况，从本质上说，我们就能够确定其未来。例如，牛顿对物理学的重大贡献之一，就是只要他知道太阳系目前的状况，他就能够运用力学原理预言彗星、卫星、行星的运动。几个世纪以来，物理学家都惊叹牛顿定律的精确性，这些定律原则上讲能够预测几百万年后天体的位置。事实上，一直到那时之前，一切科学都是建立在决定论的基础上的；即，只要科学家知道了所有粒子的位置和速度，就能预言实验的结果。牛顿的信徒在总结这一信仰的时候，将宇宙比作一座巨大的钟表。太初，上帝给这个钟表上好了弦，它就一直依照牛顿定律这么咔哒咔哒地走起来。如果我们知道宇宙中每个原子的位置和速度，那么根据牛顿运动定律，我们就能以无限高的精度计算出宇宙演化的趋势。然而，不确定性原理却否定了这一切，宣称我们不可能预言宇宙未来的状态。比如，假设有一铀原子，我们就永远无法计算出它会衰变，只能算出其衰变的可能性。事实上，连上帝和神都无法知道铀原子究竟何时会衰变。

1926 年 12 月，作为对玻恩的论文的回应，爱因斯坦写道："量子力学需要人们的尊重。但是我内心有个声音告诉我这并不是真正的通往上帝身边的雅各的天梯。这一理论提出了许多观点，但是却不能让我们离上帝的秘密更近一些。在我看来，至少我坚信上帝不会掷骰子。"[17]爱因斯坦在评论海森堡的理论时说："海森堡下了一个大大的量子的蛋。在哥廷根人们都相信他（我不信）。"[18]薛定谔本人非常不喜欢这个想法。他曾经说如果这一方程式代表的只是可能性，那他很遗憾自己和它有任何的关系。爱因斯坦也插话说如果他早知道自己参与引发的量子物理学革命竟然给物理学引入了可能性，那他宁愿自己是个"皮匠或是看赌场的伙计"。[19]

物理学家开始分裂为两个阵营。[20]爱因斯坦领导了一个阵营，其成员依然坚信决定论这一可以上溯到牛顿的信条，它已经指导了物理学家几个世纪。薛定谔和德布罗意都是这一派的。另一个阵营的带头人是尼尔斯·玻尔，他相信不确定性，并支持一种建立在一般情况和可能性上的新的因果律。

在某种意义上，玻尔和爱因斯坦在其他一些方面都是截然相反的两端。爱因斯坦从小就不擅体育，一心扑在几何和哲学书本上，玻尔在丹麦则是有名的足球明星。爱因斯坦讲话铿锵有力，写起文章也颇具文采，不论是面对记者还是王室贵族都应对自如；玻尔则古板笨拙，经常张口结舌，说话含糊不清，陷入沉思的时候还经常反复重复一个词。爱因斯坦可以毫不费力地写出优美雄辩的文章，玻尔却最怕写东西。上高中的时候，轮到写论文，他都得自己口授，由他母亲执笔给他写。结婚后，他就口授给妻子（甚至为了口授一个重要的长篇论文，还中断了蜜月）。有时候他让整个实验室的人帮助他重写自己的论文，有一次返工了一百遍，完全打乱了实验室的工作。（沃尔夫冈·泡利有一次接到邀请去哥本哈根见玻尔，他回复道："如果最后一个证明已经寄出了，那我就去。"[21]）不过，玻尔是全心投入到了他的第一个爱人身上，那就是物理学。事实上，玻尔只要有了灵感，甚至会把方程式写在球门柱上。爱因斯坦和玻尔两人都善于倾听他人对自己意见的反馈。（奇怪的是，玻尔只有身边有助手对他的想法作出回应的时候，思维才活跃。要是没有助手倾听他的主意，他就显得孤立无助。）

1930 年在布鲁塞尔召开的第六届索尔维会议见证了两人最终的交锋。这场交锋的赌注是现实的本质这一重大命题。爱因斯坦不停地对玻尔发出质疑，玻尔则在其重重紧逼下巧妙地固守自己的立场。最后，爱因斯坦提出了一个非常漂亮的"思维实验"。他认为这可以彻底打败那个"魔鬼"，即不确定性原理：设想有一个内部有放射性的盒子。盒子上有个孔，孔上有个遮盖。遮盖打开的短暂空隙，盒子会释放出一个光子。这样，我们就能极为精确地测定光子释放出来的时间。此后，可以称量盒子的质量。由于释放出了一个光子，盒子的质量减轻了。由于物质和能量是对等的，我们此时就能说出盒子包含的总能量，而且可以达到很高的精确度。因此，这时我们就既知道了盒子的总能量，也知道了盖子打开的精确时间，其中没有任何的不确定性。这样，不确定性原理就不成立了。爱因斯坦认为他最终找到了击败新量子理论的工具。保罗·艾伦费斯特也参加并见证了这场论战。他后来写道："这对玻尔来说是沉重的一击。当时他找不到针对这一问题的答案。整个晚上，他都闷闷不乐，他去和每一个人交谈，希望能说服他们，告诉他们这是不对的，因为如果爱氏是对的，那就意味着物理学的末日。但是他想不出反驳的办法。我永远不会忘记这两个对手离开大学俱乐部的情景。爱因斯坦这位传奇人物，离开的时候脸上隐约挂着嘲讽的微笑；玻尔则在他身边快步走着，沮丧至极。"[22]当天晚上晚些时候，玻尔和艾伦费斯特谈话的时候，只是反复的叨咕："爱因斯坦……爱因斯坦……爱因斯坦。"玻尔一夜无眠，反复思考后，终于找到了爱因斯坦论点中的薄弱之处，而且他用的是爱因斯坦的相对论来驳倒对方。玻尔注意到由于盒子的质量减轻了，它在地球上受的引力就会微微减轻。但是依据广义相对论，引力减弱，时间就会加速（比如在月球上时间就快）。因此，在测定盒子的遮盖开放的时间中的一丁点的不确定性就会转变成测定盒子的位置的不确定性。因此，我们无法完全精确地测定盒子的位置。更进一步讲，盒子质量的任何的不确定性都会反映在其能量和动量上的不确定性，因此我们也就无法完全精确地测定盒子的动量。把所有这一切因素综合起来，玻尔所指出的这两种不确定性，即位置和动量的不确定性，恰好和不确定性原理吻合。玻尔成功地捍卫了量子理论。对此，爱因斯坦抱怨说"上帝不会掷骰子"；玻尔则回应道："不要告诉上帝该如何做。"

最终，爱因斯坦承认玻尔成功地驳倒了自己的论点。爱因斯坦后来写道："我承认，这一理论毫无疑问包含确定无疑的真理在里面。"[23]约翰·惠勒（John Wheeler）在评论玻尔-爱因斯坦论战时说："这是我所知道的知识史上最了不起的论战。此后 30 年内，我再没听到过两位大人物在更长的时期内，针对与理解我们所在的这个奇妙的世界有关的、更深刻的话题进行过论战。"[24]

薛定谔也不喜欢别人对他的方程作此种解释，因此提出了著名的薛定谔猫的问题来指出不确定性原理的漏洞。关于量子力学薛定谔写道："我不喜欢它。对于我自己跟它有关系我感到遗憾。"[25]他还写道，最荒谬的问题在于，如果把一只猫关在盒子里，并且里面有一瓶氢氰酸这样的有毒气体，瓶子和一个锤头相连，其启动装置是一个盖格计数器，它又和一块放射性物质连在一起。放射性物质的衰变是一种量子效应，这一点没有疑问。如果铀不衰变，那么猫就会活着。如果一个原子衰变了，它就会启动计数器，击发锤子，打破玻璃瓶，毒死那只猫。但是根据量子理论，我们无从预言铀原子何时衰变。原则上讲，它可能同时处于两种状态：衰变和不衰变。但是如果铀原子能够同时处于两种状态，那么这就意味着猫也就能同时处于两种状态。因此问题就来了：那只猫到底是死是活？

本来，这是个傻问题。即使我们不能打开盒子，常识也告诉我们猫不是死就是活，二者必居其一。它就是不能同时既是死又是活。因为那样的话就违背了我们所知道的所有的宇宙和物理现实的规律。然而，量子理论给我们的答案确实很奇怪。最终的答案是：我们无从知道。在打开盒子之前，猫是表现为一种波动，而波动是可以相加的，就像数一样。我们必须把死猫的波函数和活猫的波函数相加。因此，在打开盒子之前，猫既不是死的，也不是活的。只要猫关在盒子里，我们就只能说存在波动，表明猫同时既是死的，又是活的。

一旦我们最终打开了盒子，就能进行测算，亲眼看一看猫是死是活。对于旁观者来说，测算的过程使我们能合并波函数，使其"坍缩"（collapse），确定猫的确切状态。这样我们就知道猫是死是活了。关键在于外面的观察者的测量过程；通过将一束光照射进盒子，波函数坍缩，对象马上就具有了确定的状态。换言之，观察过程确定了对象的最终状态。玻尔的哥本哈根阐释的薄弱之处在于这一问题：在测量之前，物体到底是否存在？对于爱因斯坦和薛定谔来说，这个问题极其荒谬。爱因斯坦此后一直在思考这一哲学问题（即使在今天，这一问题仍然是值得深入探讨的话题）。

这个谜题的几个颇为搅扰人的方面使爱因斯坦深陷烦恼。首先，在进行测量之前，我们是作为宇宙中所有的可能性之和而存在。我们无法确切地说自己是死是活，也无法说地球是不是几十亿年前就毁灭了。所有的事件，在进行测量之前，都是可能的。其次，这让我们觉得，观察过程创造了现实！这样一来，对于在没有人听到的情况下，森林中的一棵树到底是不是倒下了这一古老的哲学谜题我们又有了新的解释。牛顿学派的人会说树不依赖于观察就会倒下。但是哥本哈根学派的人会说树可能存在于所有的状态下（倒下、直立、幼苗、成熟、烧毁、腐烂等）。只有在观察的那一瞬间，其状态才突然变成现实存在。这一下子，量子理论就带来了一套人们完全始料未及的解释：观察树的动作决定了其状态。

爱因斯坦从在专利局工作起就具有一种超常的将问题的实质剥离出来的本事。因此，他后来会向来他家拜访的人提出下面的问题："月亮的存在是不是因为老鼠在抬头看它？"[26]假如哥本哈根学派是对的，那么此问题的答案就是"是"，在某种意义上，是当老鼠抬头的一刹那，月亮突然存在了，月亮的波函数坍缩了。几十年来，对于猫的生死问题，人们提出了不少"答案"，但不论哪个答案都不是完全令人满意。虽然从来没有人怀疑量子力学本身的合理性，但这些问题仍然是物理学所面对的最艰巨的哲学命题。

爱因斯坦在谈到自己无休止地思考量子理论的基础时说："像对待广义相对论一样，关于量子理论我也思考了上百遍。"[27]经过深思熟虑，爱因斯坦提出了他认为是对量子理论的决定性的反击。1933年，他和学生波多尔斯基（Boris Podolsky）和内森·罗森（Nathan Rosen）提出了一种全新的实验，即便是现在，仍令量子物理学家和哲学家感到头痛。这个"EPR实验"并没有像爱因斯坦所希望的那样最终摧毁量子理论，但却成功地证明业已变得古怪的量子理论越来越怪了。假设一个原子向相反的两个方向释放出两个电子。每个电子都会自旋，或上旋或下旋。进一步假设它们以相反的方向自旋，因此总体的旋转抵消为零，虽然我们不知道具体哪个朝哪个方向旋转。例如，一个电子可能是上旋，另一个是下旋。假如等待足够长的时间，这两个电子之间可能会有数十亿千米的距离。在进行任何测量之前，我们不知道这两个电子的自旋方式。

现在假设我们对其中一个电子的自旋进行测量。假如，我们发现它是上旋的。那么，我们同时就会知道另一个电子的自旋形式——因为其自旋必然与同伴的相反，即下旋。这就意味着在宇宙的一端进行测量，瞬间就决定了宇宙的另一端电子的状态，这似乎是违背了狭义相对论。爱因斯坦将此称作"远距离的怪诞表演"。[28] 这个问题的哲学意味令人不寒而栗。这意味着我们身体中的某些原子可能和宇宙另一端的原子通过看不见的网络连接在一起，这样一来，我们身体的行动就会同时影响数百亿光年以远的原子的状态，这似乎是违背了狭义相对论。爱因斯坦不喜欢这个想法，因为这意味着宇宙就是非定域的（nonlocal）。即，在地球上发生的事件会影响宇宙另一端的事件，其传播速度超过了光速。

薛定谔在听说了爱因斯坦对量子力学提出的这一新的挑战后给他写信说："我欣喜地得知在那篇文章中，你明显抓住了量子力学的小辫子。"[29] 玻尔的同事利昂·罗森菲尔德（Leon Rosenfeld）得知爱因斯坦新的挑战之后，写道："我们放下了手头的一切事物。我们必须立即清除这一误解。玻尔心情急切地口述了一份反击文章的草稿。"[30]

哥本哈根学派迎接了挑战，但是也付出了代价：玻尔不得不向爱因斯坦承认，量子的宇宙事实上的确是非定域的（即发生在宇宙的一部分的事件会立即影响到宇宙的另一部分）。宇宙中的一切似乎都通过宇宙"纠缠"联系到了一起。因此 EPR 实验并未推翻量子力学。它只是揭示出它是多么令人抓狂。（多年来，该实验都被人误读了。无数的预言说我们可以制造出超光速的 EPR 无线电台，可以使时间倒转向从前发送信号，或者是使用这种效应进行心灵感应。)

不过，EPR 实验也未否定相对论。在这一层意义上，爱因斯坦笑到了最后。通过 EPR 实验，无法超光速传递有用的信息。例如，通过 EPR 设备，我们无法传递莫尔斯电码。物理学家约翰·贝尔（John Bell）利用下面的例子来解释这个问题。他描述了一个叫贝尔特曼的数学家，他穿袜子，总是一只粉红色，另一只绿色。如果我们知道了他一只脚穿的是绿色的袜子，那么就立即知道另一只是粉红的。然而从他的一只脚到另一只脚，并未传递任何信息。换言之，知道某事和传递这一知识是完全不同的事情。拥有信息和传递信息存在着巨大的差别。

到了 20 世纪 20 年代末，物理学已经出现了两大分支：相对论和量子理论。人类关于物理宇宙的一切知识都能被这两大理论所解释。相对论是关于极大尺度的理论，它关乎大爆炸和黑洞。而另一个理论，即量子理论，是关于极小尺度的理论，是原子的奇异世界理论。虽然量子理论不能通过常理进行感知，但是没有人能够否认它所取得的巨大的实验上的成功。诺贝尔物理学奖纷纷落入勇于将量子理论付诸应用的年轻物理学家的头上。爱因斯坦这位经验丰富的物理学家，不会注意不到量子理论领域几乎与日俱新的突破。他并不否认量子物理在实验上的成功。他后来承认："量子力学是我们这个时代最成功的物理理论。"[31] 爱因斯坦也并未阻碍量子力学的发展，那是二流物理学家才会做的事情。（1929年，爱因斯坦提议薛定谔和海森堡分享诺贝尔物理学奖。）爱因斯坦采取了其他的战略。他不再攻击量子理论说它是错误的。他的新战略是将量子理论纳入自己的统一场论中。当玻尔阵营中的人指责他无视量子世界时，他反击说自己的真正目标是关乎整个宇宙的：将量子理论完全纳入自己的新理论体系中。爱因斯坦以自己的研究工作打了个比方。相对论并未证明牛顿学说是完全错误的。它只是表明牛顿理论是不完善的，可以纳入更大的理论体系中。因此，牛顿力学在其特殊的领域中是完全正确的：即低速、宏观物体的领域。与此相似，爱因斯坦相信，量子理论所引出的猫又死又活的奇怪假设可以以更高层次的理论来解释。在这一点上，一批又一批的爱因斯坦传记作家都没有正确领略其含义。爱因斯坦的目标不是像许多批评者所指出的那样，力图要证明量子理论是错的。他经常被描绘成经典物理学的最后一头恐龙，一个老迈的革命者到头来发现自己越老越反动。爱因斯坦的终极目标是揭示出量子理论的不完善之处，利用新的统一场论来完善它。事实上，统一场论的一个标准是在某些模糊量上能够产生不确定性原理。

爱因斯坦的策略是使用广义相对论和他的统一场论来解释物质的本源，从几何学的角度推导出物质。1935年，爱因斯坦和内森·罗斯探讨了一种新的方式，在其中，量子粒子，如电子，可以作为其理论的自然结果产生出来。通过这种方式，他希望可以避开可能性和概率，讨论量子问题。在大多数理论中，基本粒子都是作为奇点出现的，即在粒子层面上，方程式不再起作用。例如，可以考虑一下牛顿力学的方程，力可以由两物体间距离的反平方求得。当距离为零时，引力就会变得无穷大，此时我们就得到了一个奇点。由于爱因斯坦希望从更高的理论推导出量子理论，他推想自己需要一个没有奇点的理论。［这种理论的一个例子是简单的量子理论。它们被称作"孤立子"（soliton），代表的是空间中的扭结（kink）；即，它们是平滑的，不是奇点，可以将其解开，保持同样的形状。］

爱因斯坦和罗森提出了一种全新的解决方式。他们从两个史瓦西黑洞出发，它们位于平行的两张纸上。使用剪刀，我们可以把纸上的黑洞剪下来，把两张纸粘贴到一起。这样，我们就获得了一个平滑的、不存在奇点的解决方案，爱因斯坦认为它代表了一个亚原子粒子。因此，量子可以被看作是微小的黑洞。（60年后，这个主意在弦理论中又复活了。弦理论提出了数学关系，能够将亚原子粒子推导成黑洞，反过来也成立。）

不过，这个"爱因斯坦-罗森桥"可以从另一个角度看待。它是科学文献中第一次给出了"虫洞"的概念，这一概念能够将两个宇宙联系起来。虫洞是空间和时间中的捷径，就像联系两张平行的纸的门户或关口。虫洞的概念由查尔斯·道奇森（Charles Dodgson）（此人亦以刘易斯·卡罗尔闻名）提出。他是牛津大学的数学家。使他名声大噪的是他所写的童话《爱丽丝漫游奇境记》。当爱丽丝将头伸到镜子里之后，她其实是进入了一种爱因斯坦-罗森桥，将两个宇宙连接在了一起——这里是将奇幻的世界和牛津大学周围的乡野风光联系在了一起。当然，人们也认识到，任何人只要是落入了爱因斯坦-罗森桥，都会被巨大的引力压碎，足以将他们身上的原子压破。如果黑洞是静止的，那么通过虫洞进入平行宇宙就不可能。（虫洞的概念还要花 60 年的时间，才能在物理学中取得重要的位置。）

　　爱因斯坦最终放弃了这一想法，部分原因是他无法解释亚原子世界的丰富性。他无法以"大理石"来解释"木头"的奇怪属性。亚原子粒子的特性实在是太多了（如质量、自旋、电荷、量子数等）。这些特性无法从他的方程式推导出来。他的目标是找到能够揭示统一场论的图景，但是关键的问题是，当时关于原子核的力的属性人们所知甚少。爱因斯坦的研究早了几十年。那时，还没有威力强大的电子对撞机揭示亚原子物质的属性。结果是，这一图景一直没有出现。

第8章 战争、和平以及 $E=mc^2$

20 世纪 30 年代，全世界陷入了大萧条漩涡，德国再次出现混乱。随着德国货币体系崩溃，那些兢兢业业的中产阶级突然发现自己的存款一夜之间荡然无存。新上台的纳粹党利用了德国人的这种不满，将人们的怒火引向了最切近的替罪羊——犹太人。很快，在有实力的实业家的支持下，纳粹政党成了德国国会中最大的党派。爱因斯坦多年来一直和反犹太分子进行抗争。他意识到这一次自己的处境十分危险，甚至会危及自己的生命。他是和平主义者，同时也是现实主义者，谨慎观察着纳粹党徒的上台。他写道："这意味着不论在什么情况下，我都不能使用武力，除非是敌人试图夺去我的生命。"[1]他的这种能屈能伸的性格很快就在现实中体现出来。

1931 年，一本名为《一百位权威反对爱因斯坦》的书出版了，里面充斥着各种针对爱因斯坦而发的反犹太的言论。该书叫嚣道："出版此书的目的，是通过记录反对爱因斯坦的理论，来反对爱因斯坦们的威胁。"[2]爱因斯坦后来揶揄道，那些人要想颠覆相对论，实在用不着纠集一百个人。如果相对论是错的，只需一点小小的事实证明便可。1932 年 12 月，爱因斯坦已经无法抵抗纳粹主义的浪潮，永远离开了德国。他让爱尔莎看一眼他们在卡普特（Caputh）的乡间房舍，悲伤地说："回头看一眼吧，你再也看不到它们了。"[3] 1933 年 1 月 30 日，情况急剧恶化。当时纳粹政党已经是国会中最大的派别，阿道夫·希特勒被任命为德国总理。纳粹没收了爱因斯坦的财产和银行存款。此时他真正是一文不名了。他们还没收了他钟爱的卡普特乡间别墅，宣称在那里发现了危险的武器。〔后来发现那只不过是把面包刀。在第三帝国期间，纳粹德国的女子团（League of German Girls）使用这个别墅〕。5 月 10 日，纳粹分子公开焚烧禁书，爱因斯坦的书也赫然其中。是年，爱因斯坦写信给生活在德国阴影下的比利时人："试观今日之情势，若我乃比利时人，决不会拒绝兵役。"[4] 国际媒体发布了他的评论。结果不论是纳粹阵营还是信奉和平主义的同伴都立即起来谴责他。当时许多人认为对付希特勒的唯一办法是通过和平手段。爱因斯坦对纳粹的残暴有着切身的体会，对于这样的批评不以为然："好战分子对付我就像对付邪恶的突击队……那些家伙都戴着眼罩，根本就视而不见。"[5]

爱因斯坦被迫离开了德国。他这个世界旅行家再一次无家可归。1933 年他去了英国，拜访了温斯顿·丘吉尔。在丘吉尔家的访客记录本上的地址一栏，爱因斯坦写道："无。"他现在已经处于纳粹黑名单上很靠前的位置，他必须注意自己的人身安全。一本德国杂志列出了纳粹政权的敌人，将爱因斯坦的照片印在了封面上，说明文字是："尚未绞死。"反犹太分子狂妄地宣称，既然他们能将爱因斯坦赶出德国，他们就能将所有犹太科学家都赶出去。同时，纳粹政权通过了新的法令，要求解雇所有的犹太官员，这给德国的物理学立即带来了一场灾难。九位诺贝尔奖获得者不得不由于新的法令离开德国。在头一年，有1700个人被解雇，给德国的科学技术带来了巨大的人才流失。纳粹控制下的欧洲，科学精英几乎损失殆尽。马克斯·普朗克（Max Planck）一度试图从中调和。虽然其同事几经劝说，他一直拒绝公开反对希特勒。他倾向于通过私人渠道来解决问题。他甚至在1933年5月与希特勒会面，为避免德国科学的毁灭向其作最后的请求。普朗克后来写道："我原本希望能够说服他，让他认识到把我们的犹太人同事排挤出去造成了巨大的危害……我想让他意识到，把这些一直都把自己视作德国人，而且一直像其他人一样为德国贡献了自己的一生的人牺牲掉是多么的不道德。"[6]那次会面上，希特勒说他并不反犹，可犹太人都是共产主义者。普朗克试图反驳，希特勒冲他大声嚷道："有人说我神经质，可我有钢铁般的神经！"[7]接着，他拍了一下自己的膝盖，继续他的反犹太的长篇演说。普朗克后来悔过道："我没能表达清楚自己的意思……跟那样的人说话，你没办法说清楚。"[8]

爱因斯坦的犹太同事都离开了德国，逃命去了。利奥·西拉特（Leo Szilard）把积蓄都塞在鞋里，和妻子跑了。弗里兹·哈伯（Fritz Haber）在1933年逃离德国，去了巴勒斯坦。（讽刺的是，他本人曾是忠实的德国科学家，曾参与为德军开发毒气，制造出了臭名昭著的 Zyklon B 毒气。后来，他开发的毒气被用来在奥斯威辛集中营毒死了他的许多家人。）欧文·薛定谔不是犹太人，却也受到了这个疯狂时代的冲击。1933 年 3 月 31 日，纳粹宣布全国抵制犹太人商店。他碰巧正在柏林的一家大型的犹太人开的百货商店门前。他突然看见一伙纳粹冲锋队员在殴打犹太店主，围观的警察和人群发出一阵阵哄笑。薛定谔极度愤慨，走到一个冲锋队员跟前，斥责他的行为。结果冲锋队转身开始殴打他。幸亏一个身穿纳粹制服的年轻物理学家一下子认出了他是薛定谔，把他带到了安全的地方，不然他肯定会给打得不轻。[9] 薛定谔备受刺激，离开德国，去了英国，后来又去了爱尔兰。

1943 年，纳粹攻陷了丹麦。玻尔由于有部分犹太血统，成了被追杀的目标。好在他赶在盖世太保前一步，通过中立的瑞典逃到了英国。在逃亡的飞机上，由于氧气面罩有问题，他还差点给憋死。普朗克是忠实的爱国者，一直未曾离开德国，但他也历尽磨难。他的儿子因试图刺杀希特勒而被捕，饱受纳粹的折磨，后来被处决。

当时爱因斯坦虽然在流亡当中，却已经被来自世界各地的工作邀请所包围。英国、西班牙、法国等地的一流大学都希望能延揽这位举世闻名的科学家。他本人此前曾在普林斯顿大学做过客座教授。他还一度冬天呆在普林斯顿，夏天回柏林。亚伯拉罕·弗勒斯纳（Abraham Flexner）受命组建普林斯顿的一所新研究院。他手头握有班贝格（Bamberger）家族提供的500万美元的财富。他与爱因斯坦见过几次面，并且询问了他关于转到新建的研究院的可能性。爱因斯坦对这里最感兴趣的是他能够自由旅行，而且无需担负讲课任务。虽然他讲课非常受欢迎，常常以滑稽的动作和诙谐的逸事趣闻逗乐学员，但是讲课却会占用他潜心研究自己喜爱的物理学的时间。

一个同事警告爱因斯坦说去美国定居无异于"自杀"。在大批犹太科学家涌入之前，人们一直认为美国的科学非常落后，几乎没有一所高等学府可以和欧洲的比肩。爱因斯坦在给比利时女王伊丽莎白的信中这样为自己的选择辩护："普林斯顿是个极好的小地方……是个精致的小村庄，那里住的都是踩着高跷的半神半人的仙家。在这里我可以不必太在乎一些繁文缛节，从而给自己创造一个没有打扰，适于研究的氛围。"[10] 爱因斯坦在美国安顿下来的消息传遍了世界。"物理学教皇"离开了欧洲。物理学的新圣城将是普林斯顿高级研究院。那里的人第一次带爱因斯坦去看他的办公室的时候，问他需要什么。除了桌椅之外，他说他需要"一个大废纸篓……这样我就可以把我所有的错误都丢掉"。[11]（研究所也邀请欧文·薛定谔加入。但是这位大侠周围缺不得女人，他对待婚姻持开放的态度，情人一大堆。他觉得普林斯顿的气氛太过刻板保守。）美国人对新泽西的这位新到的客人非常感兴趣。而爱因斯坦也立即成了美国最著名的科学家。很快，他就和所有人都熟识了。在欧洲，曾有人打了个赌，[12] 看看寄一封信，信封上写"美国，爱因斯坦博士收"，能否到他的手上。结果他真收到了。

20 世纪 30 年代对爱因斯坦来说是个艰苦的时期。似乎他对于儿子爱德华最担心的事情被证实了。爱德华 1930 年与一个年纪大于他的女人恋爱失败，令他精神崩溃。他被送往苏黎世的一家精神病院，当年米列瓦的姐姐也曾住进过这家精神病院。经诊断，他患有精神分裂症。从此，除了短暂的探亲，他再也没有离开过精神病院。爱因斯坦一直担心自己的儿子中会有一个遗传上他们母亲的精神问题。他很是抱怨这种"残酷的遗传"。[13] 他伤心地写道："从爱德华进入青春期以来，我看见了它的到来，缓缓地，但是却无以抗拒。"[14] 1933 年，他的密友保罗·艾伦费斯特，就是曾帮助他激发了对广义相对论的探讨的那位，由于极度抑郁，开枪自杀，而且还同时杀死了自己头脑迟钝的儿子。

爱尔莎经历了一段漫长痛苦的疾病后，在陪伴了爱因斯坦大约 20 年后，于 1936 年离开了他。根据爱因斯坦朋友的描述，他当时的样子是"极度苍老，备受打击"。[15] 她的死"严重影响了他和任何他人的最紧密的关系。"[16] 这件事对他的打击很大，不过他最终也慢慢恢复了过来。后来他写道："我已经非常适应这里的生活。我像蜗居在洞穴里的熊……我的较为善于与人交往的女伴的死，更加强了我笨拙的天性。"[17]

爱尔莎死后，他和同样逃离了纳粹统治的妹妹玛雅住在一起。此外还有他的继女玛戈特和秘书海伦·杜卡斯。此时已经是他人生的最后阶段。20世纪30年代和40年代，他迅速衰老下去。而且没有了爱尔莎经常帮他梳洗打扮，当年那位令王侯贵族都为之着迷的形象，变回到了衰老而又放荡不羁的波希米亚风格。现在，他是人们所喜爱的白发老人，是普林斯顿的圣人。不论是对孩子，还是对贵族，他都高兴地向其致意。

不过，对爱因斯坦来说，生活中没有休息。在普林斯顿，他面临另一个挑战，即制造原子弹。1905年的时候，爱因斯坦就想到自己的理论有可能解释为什么一丁点镭就能在黑暗中发光，从其原子中释放出大量的能量，而且似乎没有明显的极限。事实上，锁在原子核中的能量要比存储在化学炸药中的大几千万倍。到了1920年，爱因斯坦已经完全了解了原子核中所蕴含的能量的意义。他写道："这恐怕是可能的，而且甚至不是不可能的，这种具有极大效力的能量能够被释放出来。但是这种想法在我们已知的事实领域中，没有直接的支持。作出预言很困难，但是这事确实是在可能性的范围内。"[18] 1921年，他甚至预计，在将来的某个时候，现在的以煤炭为基础的经济体系，会被核能所取代。但是他也清楚地了解另外两个巨大的问题。首先，这种原子能可以被用来制造原子弹，并会给人类带来可怕的后果。他做了这样的预言："和核弹的破坏性相比，火器发明以来所有的爆炸加起来也只不过是无害的小孩子的把戏。"[19] 他还写道，原子弹可能被用来发布核恐怖袭击，甚至是核大战："考虑到有可能释放出如此巨大的能量，我们只会发现自己所处的时代和未来相比，现在这个被煤炭熏黑的世界真是黄金时代。"[20]

最后，也是最重要的，是他意识到开发这种武器所面临的巨大困难。事实上，他曾怀疑在他有生之年这是否能做到。将锁在单个原子中的能量释放出来，并将其放大万亿倍，在 20 世纪 20 年代看来是无法想象的。他写道，这件事做起来难得就像"摸黑儿开枪打鸟，而周围却又没几只鸟"。[21]

爱因斯坦意识到，其中的关键困难，是想办法增加单个原子的功率。如果人们能够释放一个原子的能量，令其激发后续的反应，将附近原子的能量释放出来，那么就有可能放大这种原子能。他对此也给出了一个线索，认为如果"释放出的射线……能够产生同样的效力"。[22]但是在 20 世纪 20 年代，他想不出如何能够产生这种连锁反应。当然，其他人还在考虑核能的一些邪恶用途，而不是为人类造福。1924 年 4 月，保罗·哈特克（Paul Harteck）和威廉·格罗斯（Wilhelm Groth）向德军作战命令部报告说"首先研究核能的国家将掌握超出其他国的无可比拟的优势"。[23]

释放这种能量的问题在于：原子核是带正电的，会排斥其他的正电荷。因此，原子核受到保护，不会随意被碰撞而释放出几乎无限的能量。欧内斯特·卢瑟福（Ernest Rutherford）开拓性的研究发现了原子核的存在。他拒绝承认原子弹开发的可能。他说道：

"任何人奢望通过原子的转变获取能量都是空谈。"[24]

1932 年，詹姆斯·查德威克（James Chadwick）发现了一种新的粒子，即中子，这是原子核中质子的伙伴，不带电荷。这一发现改变了这一对原子能认识的僵局。如果我们能使用一束中子轰击原子核，那么不受原子核周围电场阻碍的中子就有可能打破原子核，释放出原子能。物理学家于是想到：这样的中子束可能毫不费力就打破原子，激发一颗原子弹。

虽然爱因斯坦对原子弹是否有可能造得出来还有疑虑，引导人们实现核裂变的关键事件却在加速。1938 年，柏林威廉皇帝物理学研究所（Kaiser Wilhelm Institute for Physics）的奥托·哈恩和弗里茨·斯特拉斯曼（Fritz Strassmann）分裂了铀原子核，轰动了世界。他们发现，使用中子轰击铀原子核，出现了钡元素，这表明铀原子核分裂成了两半，在此过程中产生了钡。哈恩的同事，犹太科学家莉泽·迈特纳（Lise Meitner），逃离了纳粹德国。她和侄子奥托·弗里希（Otto Frisch）为哈恩的研究结果提供了前者所缺乏的理论基础。他们的研究结果表明，裂变过程所产生的物质，比铀原子核稍微轻一点。似乎在这个反应过程中，质量损失了。分裂铀原子同时释放出了 2 亿电子伏特的能量，这看起来似乎不知从何而来。损失的质量到了哪里？神秘的能量又是从何而来？迈特纳意识到爱因斯坦的方程式 $E=mc^2$ 是解决这一谜题的关键。如果把丢失的质量乘以 c^2，那么所得出的就是 2 亿电子伏特，与爱因斯坦的理论精确吻合。玻尔听说了对爱因斯坦的方程式这一惊人的证明后，立即就认识到了其结果的重大意义。他拍了一下自己的脑门儿，说道："唉，我们怎么一直都这么傻！"[25]

1939 年 3 月，爱因斯坦告诉《纽约时报》说到那时为止所有的结果"并未真正展示出这一过程所释放的原子能的实际应用前景……不过，世界上没有任何一个物理学家会让自己的虚弱的神经影响到自己对于这一重大课题的兴趣"。[26]讽刺的是，同一月，恩里科·费米（Enrico Fermi）和弗雷德里克·约里奥-居里（Frederic Joliot-Curie，玛丽·居里的女婿）发现在铀原子核分裂时，会释放出 2 个中子。这一结果令人惊愕。如果这两个中子能够继续分裂另外两个铀原子核，那么就会释放出 4 个中子，然后 8 个，然后 16 个，然后 32 个……直到难以想象的核力量在这一连锁反应中释放出来。在一秒钟内，打破一个铀原子就能引发上万万亿的铀原子的分裂，释放出难以想象的核能。费米从他所在的哥伦比亚大学的房间窗户向外望去，想到一颗原子弹就能毁灭整个纽约，不禁陷入了沉思。

竞赛开始了。西拉特意识到事件的发生极其迅速，担心德国已经在原子物理学领域大大领先，会成为第一个制造出原子弹的国家。1939 年，西拉特和尤金·魏格纳（Eugene Wigner）驱车前往长岛，拜访爱因斯坦，请他共同签署一封即将递交给罗斯福总统的信。

这命运攸关的信件是世界史上最重要的信件之一。其开头是这样的：“费米和西拉特近来的研究结果手稿呈到了我手上，这使我预计在极近的将来铀元素有可能成为一种新的重要的能量来源。”[27]这封信提到希特勒已经侵占了捷克斯洛伐克，并封锁了波希米亚沥青铀矿，那里蕴藏有丰富的铀矿石。接着，这封信警告说：“只需一颗这样的炸弹，通过船只运到某个港口，就能毁坏整个港口和其周边地区。不过，这样的炸弹有可能太沉，无法通过飞机投放。”[28]罗斯福的顾问亚历山大·萨克斯（Alexander Sachs）接到了这封信，转给了总统。萨克斯问罗斯福是否了解这封信的极其重大的意义，罗斯福回答说：“亚历克斯（亚历山大的昵称），你要保证纳粹不要把我们都炸飞。”他转而跟 E·M·沃森将军说：“我们需要采取行动。”一整年的铀研究只获得了 6000 美元的拨款。不过，当弗里希-佩尔斯（Frisch-Peierls）的秘密报告在 1941 年秋送到华盛顿时，美国对原子弹的兴趣立即大大增强了。独立研究的英国科学家证实了爱因斯坦提出的所有细节，在 1941 年 12 月 6 日，曼哈顿工程（the Manhattan Engineering Project）秘密启动。

J·罗伯特·奥本海默（Robert Oppenheimer）曾研究过爱因斯坦的黑洞理论。在他的指挥带领下，世界上几百位顶级的科学家秘密联系，前往新墨西哥州沙漠中的洛斯阿拉莫斯。在每一所重点大学里，像汉斯·贝蒂（Hans Bethe）、恩里科·费米、爱德华·特勒（Edward Teller）和尤金·魏格纳这样的科学家都在被人拍了一下肩膀之后悄悄离开了。（并非所有人对于政府如此热衷于原子弹都感到高兴。比如莉泽·迈特纳，虽然她的研究帮助启动了这一项目，她却坚决拒绝参与原子弹的研发工作。她是盟国方面唯一一位拒绝加入洛斯阿拉莫斯的研究小组的重要核科学家。她平淡地说："我不想和炸弹有什么关系！"[29]许多年后，好莱坞的剧作家把她的故事写进了电影剧本《终结的开始》(*The Beginning of the End*)。故事中她在逃离纳粹德国的时候，盗走了原子弹的设计图。可是对于要求她加入原子弹开发小组，她却回答说"我宁愿光着身子在百老汇走一遭"[30]也不答应参与这奇怪而下流的行径。）

爱因斯坦知道自己在普林斯顿的关系比较近的同事突然间都消失了，留下的只是新墨西哥圣塔菲的一个奇怪的邮件地址。不过，却从未有人拍拍爱因斯坦的肩膀，因此整个战争期间，他都待在普林斯顿。在解密的战争档案中，我们找到了其中的原因。科学研究与发展办公室主任（美国国家防务研究委员会主任）布什（Vannevar Bush），同时也是罗斯福深为信赖的顾问，写道："我非常希望能把整个计划和盘托给他〔爱因斯坦〕……但是对于研究过他的整个历史背景的华盛顿当局中的掌权者来说，这根本就是不可能的。"[31]美国联邦调查局（FBI）和军方的情报机关得出结论认为不能信任爱因斯坦："考虑到其激进的背景，本办公室建议在未经详细调查之前，对于此秘密行动，不要雇佣爱因斯坦博士，因为似乎有像他这种背景的人不大可能在短时间内成为忠实的美国公民。"[32] 很显然，FBI 没有意识到，爱因斯坦其实已经非常了解该项目的情况，而且事实上还是第一批促成该项目启动的人。

最近解密的爱因斯坦的 FBI 档案有 1427 页厚。J·埃德加·胡佛曾怀疑爱因斯坦或者是共产主义国家的间谍，或是受人利用的人。联邦调查局仔细过滤过有关他的每一条传闻，最终又都搁到了一旁。讽刺的是，FBI 却疏忽大意到从未当面调查过爱因斯坦，似乎他们害怕他。他们的密探更喜欢调查骚扰他周围的人。其结果就是 FBI 收到了一大堆来自三教九流的数百封信。有报告说爱因斯坦正在研究死亡射线，后来也被搁置到一旁。1943 年 5 月，一位海军上尉拜访爱因斯坦，问他是否愿意为美国海军开发武器和高性能炸药。"由于受到冷落，他情绪很不好。从来没有任何人找他参与任何和战争有关的工作。"[33] 这位海军上尉写道。爱因斯坦说话总是幽默风趣，这次评价自己说无需剃头就加入了海军。

由于担心德国会造出原子弹，盟国加紧了研制计划。而现实情况是，德国的战争科研极端缺乏人才，也极端缺乏资金。德国量子物理学家沃纳·海森堡负责德国的相关研究项目。1942 年秋，德国科学家意识到还要三年的艰苦努力才能制造出原子弹。于是纳粹的军备部长阿尔伯特·史皮尔（Albert Speer）决定暂时搁置这个计划。史皮尔犯了一个战略性的错误，以为德国会在 3 年内赢得战争，这样核弹就没有用了。不过，他仍旧继续提供经费，进行核动力潜艇的研究。

海森堡也受到其他问题的牵制。希特勒宣布，只有在六个月内能保证出成果的研究才可以继续，这是一个不可能满足的期限。除了资金缺乏外，德国的实验室还屡遭盟军轰炸。1942 年，一个突击队成功地炸掉了海森堡在挪威维莫尔克（Vemork）的重水工厂。盟国方面，费米决定建造石墨反应堆。而德国人则选择建造重水反应堆，这样就可以使用天然铀。天然铀的储量丰富，不像铀-235 那样稀罕。1943 年，盟军对柏林进行饱和轰炸，迫使海森堡迁走了他的实验室。威廉皇帝物理学研究所疏散到了位于斯图加特南部的群山中的赫辛根（Hechingen）。海森堡不得不在附近的海格洛赫（Haigerloch）的一个地下岩洞中建造德国的反应堆。在巨大的压力和猛烈的轰炸下，他们从未成功地实现连锁反应。

与此同时，从事曼哈顿工程的物理学家正夜以继日地提取出足够制造四颗原子弹的铀。直到新墨西哥阿拉莫戈多的历史性的试爆之前，他们一直在进行计算。第一颗原子弹是用铀239 制造的，于 1945 年 7 月试爆。在盟军战胜了纳粹德国之后，许多物理学家以为没有必要使用原子弹来对付剩下的敌人日本。有人觉得，可以在某个荒岛上进行一次展示性的爆炸，让一伙日本政府的代表看一看，警告日本人投降是不可避免的选择。其他人甚至还草拟了给杜鲁门总统的信，请他不要在日本投放原子弹。不幸的是，这封信一直未曾送到总统手上。科学家约瑟夫·罗特布拉特（Joseph Rotblatt）甚至从原子弹项目中请辞，说这项工作已经完成了，原子弹永远不应该用在日本头上。（后来他获得了诺贝尔和平奖。）

可是尽管如此，美国还是决定在 1945 年 8 月向日本投放原子弹，而且不是一颗，是两颗。爱因斯坦当时在纽约的撒拉纳克湖度假。那个星期，海伦·杜卡斯从收音机广播中听到了原子弹爆炸的消息。她回忆说，新闻报道说："一种新型炸弹投到了日本。于是我立即就知道了那是什么炸弹，因为我隐隐约约知道些西拉特的事情……爱因斯坦教授下来喝茶的时候，我把这事告诉了他，他说道：'Oh，Weh'（哦，上帝呀）。"[34]

1946 年，爱因斯坦成了《时代周刊》的封面人物。[35]可是，此时在他身后，有一个核子的火球爆炸开了。全世界立即意识到，第三次世界大战有可能是使用原子弹的战争。但是，爱因斯坦指出，由于核武器有可能使文明倒退几千年，第四次世界大战中的武器将会是石头。是年，爱因斯坦担任了"原子能科学家紧急委员会"（the Emergency Committee of Atomic Scientists）的主席。这个组织或许是第一个反核武器的组织。他以此组织作为平台，反对继续制造核武器——并且为他毕生所珍视的事业"万国政府"呐喊呼吁。

与此同时，在原子弹和氢弹爆炸的烟雾中，爱因斯坦通过倔强地埋头潜入物理学的研究来保持其和平理想和心智的健全。20世纪40年代，在他帮助发现的领域中，开创性的研究方兴未艾，其中包括宇宙论和统一场论。这将是他试图"阅读上帝的大脑"的最后一搏。

1940年后，薛定谔和爱因斯坦在大西洋两岸一直保持频繁的联系。这两位量子理论之父几乎是独力在抵抗量子力学的洪流，一心关注统一理论的建立。1946年，薛定谔向爱因斯坦袒露心迹道："你做的是大事情。你是在猎捕狮子，而我追踪的却是兔子。"[36]薛定谔在爱因斯坦的鼓励下，继续研究统一场论的一个特殊的领域，叫做"仿射场理论"。薛定谔很快就完成了自己的理论构建。他相信自己最终完成了爱因斯坦一直未能做到的工作，即将光和引力统一在一起。他惊叹自己的新理论是一个"奇迹"，是"完全未能预料到的上帝赐予的礼物"。

薛定谔在爱尔兰作研究，感觉到自己和物理学的主流有点隔阂，逐渐变成了大学的管理人和曾经的英雄。此时他坚信自己的新理论有可能给自己赢得第二个诺贝尔奖。他匆匆召开了一个重要的记者招待会。爱尔兰总理亚蒙·德·范勒拉（Eamon De Valera）也出席了他的演示。有记者问他对自己的理论有多大的信心，他说道："我相信自己是正确的。我要是错了，那我就是个大傻瓜。"[37]不过，爱因斯坦很快就发现薛定谔所探讨的理论是自己几年前就抛弃了的。正如物理学家弗里曼·戴森所写的，通向统一场论的小路上布满了功业未竟的人留下的尸体。

爱因斯坦并未气馁，继续进行统一场论的探索，而且几乎是与这一研究之外的物理学界隔绝。他缺少能够指导他的物理法则，只有试图从方程式中寻求美丽典雅。数学家 G. H. 哈代曾说道："数学模式，像画家或诗人的作品，必然是优美的。数学概念就像是词语一样，必须和谐地结合在一起。美是第一关。丑陋的数学没有地位。"[38]但是，此时爱因斯坦缺少诸如等效原理等的指引，在研究统一场论的努力中失去了指引方向的明星。他曾抱怨说其他的物理学家看不到他眼中的世界，但是他自己从未因此而感到沮丧，并因此而彻夜难寐。后来他曾写道："我成了孤独的老朽。周围的人之所以认识我，是因为我像一个老族长，从来不穿袜子，在诸多场合出现，就像个老怪物。但是对我的研究工作，我却比以前更加狂热。一想到自己有可能解决我的梦想，将物理场统一到一起，我就欣慰不已。不过，这有点像坐在穿行云端的飞机里，不知道如何才能回到现实，也就是地球上。"[39]

爱因斯坦意识到，自己潜心研究统一场论而不是量子理论，等于是和研究所里的主流研究隔绝开了。他抱怨说："在他人看来，我肯定有点像个鸵鸟，老是把脑袋埋在相对论的沙堆里，不去直面邪恶的量子。"[40]在那些年中，许多物理学家私下里说他走下坡路了，落后于时代了，不过他对此毫不介意。他写道："人们把我看作古董，已经又瞎又聋好多年了。

我觉得这个角色不是太坏，因为这和我的脾性正好吻合。"[41]

1949 年，爱因斯坦 70 岁生日。普林斯顿研究院为他举行了特别的庆祝活动。许多物理学家前来向当世最伟大的科学家致意，并且著文致贺。不过，从一些人的发言和在报纸上的采访报道看来，很显然有人是想借爱因斯坦的声威，为自己在量子理论研究中抢占山头。追随爱因斯坦的研究者对此相当不满，不过爱因斯坦倒是心境平和。爱因斯坦家的朋友托马斯·巴基（Thomas Bucky）说道："奥本海默在一份杂志上撰文开爱因斯坦的玩笑说：'他老了。谁也不再注意他了。'我们对此说法怒不可遏。可爱因斯坦却一点都不生气。他根本不相信有这说法，结果后来奥本海默也否认自己说过这话。"[42]

这就是爱因斯坦的脾性，对待批评总能安之若素。祝贺他生日的书出来后，他愉快地写道："此书不是致意之辞，而是弹劾文件。"[43] 在科学方面，他经验足够老道，知道新观念很难一下子被人所接受，而他自己也不像年轻时那样新点子层出不穷了。正如他后来写的："任何真正的创新，都是青年所为。此后青年会变得老练、出名——而且更为愚蠢。"[44]

不过，令他不能稍歇的，是他到处都能看到统一理论是宇宙的宏大安排之一。他后来写道："大自然只让我们看见狮子的尾巴。但是我毫不怀疑，尾巴上连着的是狮子的身子，虽然由于他体形巨大，并不能立即现身。"[45] 每天他一醒来，就问自己一个简单的问题：如果自己是上帝，将如何建造整个宇宙？事实上，在考虑到建造宇宙遵循的所有限制后，他问了自己另一个问题：上帝有没有选择的自由？他观察宇宙，感到自己看到的一切都告诉他统一论是自然界最宏大的主题，上帝不可能将引力、电流和磁力作为各自独立的系统创造出宇宙来。他知道，自己所缺乏的，是一个指导性的原则，一种物理图景，照亮自己迈向统一场论的道路。这图景一直没有出现。

在研究狭义相对论的时候，指导性的图景是 16 岁的青年在光束后紧追不舍。对于广义相对论，图景是一个人背靠椅子，正要掉下去，或是在弯曲空间中滚动的弹球。但是，对于统一场论，他找不到这样的图景。爱因斯坦有句名言："上帝微妙，但绝不邪恶。"[46] 在统一场论问题上奋斗多年后，他跟助手瓦伦丁·巴格曼（Valentine Bargman）坦言道："我改主意了。上帝有可能是邪恶的。"[47]

人们知道，虽然统一场论是最难的物理学问题，但同时也是最令物理学家着迷的理论。比如，沃尔夫冈·泡利本来是爱因斯坦统一场论最严厉的批评者，可他后来也置身其中。20 世纪 50 年代末，海森堡和泡利对统一场论的一个分支开始有越来越浓的兴趣。他们宣称，这个理论可以解决纠缠了爱因斯坦 30 年的难题。事实上，派斯写道："从 1954 年起直到生命结束，海森堡（1976 年卒）都沉浸在从一基本的非线性波动方程中推导出粒子物理学。"[48] 1958 年，泡利访问哥伦比亚大学，作了一场关于海森堡-泡利统一场论的报告。毋庸说明，听众中不乏怀疑者。尼尔斯·玻尔也在其中。最终他站起身说："我们这些坐在后面的人深信你的理论很疯狂。但让我们无法取得一致的是你的理论是否足够疯狂。"[49]

物理学家杰里米·伯恩斯坦（Jeremy Bernstein）也在其中。他评论说："这是现代物理学两位大师离奇的会面。我一直在琢磨，对于不懂物理学的人，会怎么看待此事。"[50]最终，泡利相信这一理论存有太多的缺陷，对它的幻想破灭了。合作者海森堡坚持继续研究该理论，泡利回了信，并在信中夹了一张白纸，说如果这一理论果真是统一场论的话，那么白纸上就是大画家提香①的作品。

虽然统一场论的研究缓慢而痛苦，但仍有其他方面的突破，令爱因斯坦忙个不停。最离奇的要数时间机器了。

对牛顿而言，时间就像一支箭。一旦射出，它就会沿直线飞行，绝不偏离轨道。地球上的一秒钟，也等于外太空的一秒钟。时间是绝对的，在整个宇宙中都以恒定的节拍跳动。宇宙中的事件可以同时发生。然而，爱因斯坦引入了相对时间的概念，因此地球上的一秒钟就不等于月球上的一秒钟。时间就像是"老人河"，在星际空间漫游，经过附近的天体时会放慢

① 提香（Titian），意大利画家，他把鲜明的色彩和背景的混合使用带入了威尼斯画派。其作品包括圣坛背壁装饰画《圣母升天》（1518年）等。——译者

脚步。对此，数学家库尔特·哥德尔（Kurt Godel）提出了一个问题：时间长河中是否有漩涡，会不会倒流回来？另外，它会不会分岔，形成平行的宇宙？1949年，当爱因斯坦的这位邻居哥德尔提出此问题后，他不得不去认真对付它。哥德尔有可能是20世纪最伟大的数理逻辑学家。他证明爱因斯坦的理论允许时间旅行的存在。哥德尔推理的起点是充满了气体且旋转的宇宙。假如某人乘坐飞船出发，遍游宇宙，那么他就有可能在出发前回到地球！换言之，在哥德尔设想的宇宙中，时间旅行是一种自然现象。一个人要是作环游宇宙的旅行，会自然地逆时间而行。

这令爱因斯坦大为震动。一直以来，每当有人试图对爱因斯坦的方程式求解，都会发现其结果符合实验数据。比如水星的近日点移动、红移、星光的扭曲、星球的引力等，都和实验数据吻合得很好。可现在，他的方程推导出的结果，却对我们关于时间的信念提出了挑战。如果时间旅行稀松平常，那么就永远无法书写历史。过往就像是移动的沙丘，一旦人们进入了时间机器，就会改变。更糟糕的是，人们会因制造出时间佯谬而颠覆整个宇宙。要是一个人回到过去，在自己出生前杀死了自己的父母，会发生什么情形？这很成问题，因为一旦把父母杀死了，那么这个人是怎么生出来的？

时间机器违背了因果律，而这是物理学所尊崇的法则。爱因斯坦之所以不喜欢量子理论，就是因为它用概率和或然性取代了因果律。现在，哥德尔整个就颠覆了因果律！经过深思熟虑，爱因斯坦最终推翻了哥德尔的推论，指出这不符合观测数据：宇宙是膨胀的，而不是旋转的，因此时间旅行，至少对现在来讲是无需考虑的。但这仍旧保留了这一可能，即如果宇宙不是在膨胀，而是旋转，那么时间旅行就会实现。不过，又经过了50年的时间，时间旅行的概念才重新被人们拾起，并成了热门话题。

在20世纪40年代，宇宙论也非常热闹。第二次世界大战期间，乔治·盖莫夫（George Gamow）是爱因斯坦和美国海军之间的联系人。相比于设计炸药，他倒更喜欢提关于"大爆炸"的问题。盖莫夫喜欢问自己几个问题，后来这些问题将宇宙论都颠倒了过来。他把大爆炸理论看作是合乎逻辑的结论。他机智地推理道，如果宇宙确实是大爆炸的产物，那么就有可能观测到早期爆炸后的残余痕迹。大爆炸应该留下"创世的回音"。他曾经为玻尔兹曼（Boltzmann）和普朗克工作，他们告诉他热的物体的颜色与其温度相关，因为这二者是能量的不同形式。假如一个物体热得发红，那么其温度应该大约在3000摄氏度。如果物体是黄色的（比如太阳），那么其温度大约在6000摄氏度（这正是太阳表面的温度）。与此相似，我们自己的身体也是热的，因此我们也能计算出身体的"颜色"，这是一种红外辐射。（军用夜视仪的原理就是探测人体的红外辐射。）盖莫夫研究小组的两个成员，罗伯特·赫尔曼（Robert Herman）和拉尔夫·阿尔佛（Ralph Alpher）早在1949年就计算出大爆炸时的宇宙温度应该比绝对零度高 5 度。这一计算极其接近正确值。辐射对应的是微波辐射。因此，"创世之色"应该是微波辐射。（几十年后，人们终于发现了这种微波辐射，并且计算得出它对应绝对零度以上 2.7 度。这最终对宇宙论产生了革命性的影响。）

在普林斯顿，虽然爱因斯坦相对而言有些孤立，但他生前看到了自己的广义相对论在宇宙论、黑洞、引力波等研究领域产生了丰硕的成果。不过，他临终前的几年也充满了感伤。1948 年，他接到信说米列瓦为了照顾他们有精神病的儿子，过完了自己艰难的一生，去世了。死因是因为儿子爱德华发病时导致了她中风。（后来，人们发现她床上塞着 85000 法郎的现金，这显然是她在苏黎世的寓所里剩下的最后一笔钱。这笔钱是用来照顾爱德华的。）1951 年，他妹妹玛雅去世了。

1952 年，查姆·魏兹曼，就是安排爱因斯坦在 1921 年去美国成功进行了访问的那个人，后来做了以色列的总统，也去世了。令人想不到的是，以色列总理大卫·本-古利昂（David Ben-Gurion），提出请爱因斯坦做以色列总统。虽然这是极大的荣誉，他却不得不推辞。

1955 年，爱因斯坦接到信说米凯尔·贝索去世了，他曾帮助爱因斯坦改进其狭义相对论。在给贝索儿子的信中，爱因斯坦动情地写道："米凯尔最令我尊敬之处，在于他几十年来一直和一个女人生活，相处和睦而融洽。在此方面，我则两度失败……此番在告别这怪诞的人世这一方面，他又稍稍早了我一步。这不说明什么。对于我们这些相信物理学的人，这种过去、现在和未来的分隔只是幻觉，虽然它显得那么持久。"[51]

是年，他的健康状况恶化了。他说道："借人为手段延长生命，无聊已极。我已享有了我分内的。该走了。我会优雅地离开。"[52] 爱因斯坦于 1955 年 4 月 18 日离开人世，是因动脉瘤破裂去世的。他死后，漫画家赫布洛克（Herblock）在《华盛顿邮报》上发表了一幅漫画，上面画着从外太空俯视的地球，地球上一个大大的横幅上写着："阿尔伯特·爱因斯坦曾生活于此。"那天晚上，全球的报纸都登载了爱因斯坦的办公桌的一张照片。上面放着他那最伟大的未完成的统一场论的手稿。

第9章 爱因斯坦预言性的遗产

　　大多数传记作家几乎毫无例外地忽略了爱因斯坦生命中最后的 30 年，认为这段时期对于他这位天才有些不太相配，是他个人闪亮历史的一个污点。然而，最近几十年来的科学发展使我们得以对爱因斯坦的遗产有了全新的认识。由于他的研究工作极其基础，改变了人类知识的根本，他的影响持续传播到物理学领域之外。爱因斯坦种下的种子，到了 21 世纪开始开花结果，这主要是因为现在我们有了更先进的仪器，诸如太空望远镜、X 线天文台、激光等。这些仪器更加强大，也更加精确，使我们能够验证他几十年前所作的预言。

　　事实上，爱因斯坦原本吃饭时掉在盘子里的面包渣，后来的科学家捡起来都能获诺贝尔奖。另外，随着超弦理论的兴起，爱因斯坦将所有的力统一起来的概念，虽然曾一度遭到嘲讽和贬低，现在又成了理论物理学研究的中心问题。本章将谈到三个领域内的新进展。在这三个领域中，爱因斯坦的遗产继续主宰着物理学世界：量子理论、广义相对论和宇宙论，以及统一场论。

　　1924 年，爱因斯坦刚写出关于玻色-爱因斯坦凝聚的论文时，他还不相信这种奇异的现象能很快被人们所见识到。因为必须将物体冷却到接近绝对零度，让所有的量子态都坍缩为一个超级原子，才能实现。

1995 年，美国标准技术研究院（National Institute of Standards and Technology）的埃里克 . A. 康奈尔（Eric A. Cornell）和科罗拉多大学的卡尔 . E. 魏曼（Carl E. Weiman）做到了这一点，把 2000 个铷原子冷却到了绝对零度以上 1 度，实现了玻色-爱因斯坦凝聚。另外，麻省理工学院的沃尔夫冈·凯特纳（Wolfgang Ketterle）也用钠原子独立制造出了玻色-爱因斯坦凝聚，并且进行了重要的实验，比如证明了这些原子显示出和一组同位原子（coordinated）同样的干涉图样。换言之，它们的行为，正如爱因斯坦 70 年前所预计的那样，像一个超级原子。

自从第一次发现宣布以来，在这一发展迅速的领域中，新发现产生的速度也加快了。1997 年，凯特纳和麻省理工学院的同事利用玻色-爱因斯坦凝聚创造了第一个"原子激光"。激光的独特性质，是因为其光子行动一致，而普通的光束中光子是混乱不协调的。由于物质也具有波动性质，物理学家推测一束原子也可以变成"激光"，但是由于没有玻色-爱因斯坦凝聚阻碍了这一方向的进展。这些物理学家通过首先对一批原子降温，使其凝聚，最终达到了这一点。然后他们用一束激光照射凝聚的原子，将它们转为协调的一束。

2001 年，康奈尔、魏曼和凯特纳获得了诺贝尔物理学奖。诺贝尔奖委员会的授奖辞中说："因其对碱原子的渗冷气体实现了玻色-爱因斯坦凝聚；以及其早期对凝聚的属性的基础性研究。"人们才刚刚开始认识到玻色-爱因斯坦凝聚的具体应用。将来，在纳米技术中，这种原子激光会证明自己的价值。可以用它们来操纵单独的原子，制造出原子薄膜，用作未来电脑的半导体元件。

除了原子激光，一些物理学家预计量子计算机（以单个的原子为单位进行计算的计算机）可以以玻色-爱因斯坦凝聚为基础发明制造出来，并最终取代硅芯片组成的电脑。另外一些人则认为暗物质是由玻色-爱因斯坦凝聚构成的。果真如此，那么这种不为人知的物质会是构成宇宙的主体。

爱因斯坦的贡献还迫使量子物理学家重新审视他们对于哥本哈根学派对量子理论的阐释所持的信念。20世纪30年代和40年代，量子物理学家在爱因斯坦背后窃窃私语，人们很容易忽略这位物理学巨人，因为当时在量子物理学领域，几乎每天都有重大发现。当物理学家们如摘苹果一般摘取诺贝尔奖的时候，谁还有时间考虑量子理论的基础呢？现在，人们可以测量上百种金属、半导体、液体、晶体以及其他材料的属性，每一种都能创造出全新的产业。没有时间等待。其结果是，几十年来，物理学家都习惯了哥本哈根学派的说法，把深层的未曾解决的哲学问题掩藏了起来。玻尔和爱因斯坦的争论被遗忘了。不过，现在许多"简单"的物质的问题都解决了，而爱因斯坦提出的更难的问题却一直未曾解决。其中特别要指出，全球有许多国际会议专门探讨第7章提出的猫的问题。现在实验已经能操纵单个的原子，猫的生死问题也就不再是单纯的理论上的探讨。事实上，决定了世界上财富的一大部分的计算机技术的最终命运，有可能取决于这一问题的解决。这是因为未来的计算机所使用的晶体管，有可能是单个原子制造的。

在所有的解答中，哥本哈根学派对猫的生死问题的解答最不令人满意，虽然对于玻尔最初的阐释并没有实验上的证据否定它。哥本哈根学派假定在常识以及由树木、山川以及人组成的宏观世界，和神秘的、非直觉所能探知的量子和波构成的微观世界之间，有一面墙。在微观世界中，亚原子处于底部状态，介于存在和不存在之间。可是，我们生活在墙的另一边，在这里所有的波动都坍缩了，因此我们的宏观宇宙看起来是确定的，经过明确定义的。换言之，有一堵墙将观察者和被观察物分隔开了。

有些物理学家，比如诺贝尔奖获得者尤金·魏格纳，走得更远。他强调，观察的关键因素是意识。只有有意识的观察者才能作出观察，并确定猫的现实状态。但是谁在观察观察者？观察者必须有另一个观察者（叫做"魏格纳的朋友"）来确定观察者是活的。但这暗示，必须有一连串无穷的观察者，每个人都观察另外的人，每个人确定前一个观察者是活的才行。对魏格纳而言，这意味着也许存在宇宙的意识，这样才能决定宇宙的本质！他曾说："对外部世界的研究导致了这一结论，即意识的内容是最终的现实。"[1]有人辩称，这就证明了上帝的存在，或某种形式的宇宙意识，或是宇宙本身就是有点意识的。普朗克曾说过："科学无法解决大自然最终极的奥秘。这是因为在最后的分析中，我们自己就是所要解决的奥秘的一部分。"[2]

几十年来，也有人提出过其他的解释。1957 年，当时还是物理学家约翰·惠勒的研究生的修·埃弗雷特（Hugh Everett），提出了猫的生死问题的最激进的解释："多宇宙"理论。他说所有可能的宇宙是同时存在的。猫确实可能同时既是生又是死，因为宇宙本身分裂成了两个宇宙。这一想法所蕴含的信息令人很不安，因为这意味着对于每一个量子事件，宇宙都会分叉，分裂出无限多个量子宇宙。惠勒本来对自己学生的想法非常积极，后来也抛弃了它，认为这个理论携带了太多的"形而上学的包袱"。例如，假设一束宇宙线射入了温斯顿·丘吉尔母亲的子宫，引起了流产。这样一来，这一量子事件就将我们和在其中丘吉尔从未诞生、从未鼓舞英国人反抗阿道夫·希特勒的军队的宇宙分隔开了。在那个平行的宇宙中，纳粹赢得了第二次世界大战，奴役了地球上大部分的国家。或者，我们可以想象量子事件引起了一阵太阳风，把6500 万年前的一颗彗星或小行星吹离了轨道，使它未能撞在墨西哥的尤卡坦半岛上，未曾灭绝恐龙。在那个平行宇宙中，人类从未产生，而我现在所住的曼哈顿，到处是恐龙。

想到所有可能存在的平行宇宙，简直让人脑袋发狂。几十年来，经过对多种量子理论的解释的毫无结果的争论之后，在 1965 年，约翰·贝尔分析认为有一个实验将最终决定爱因斯坦对量子理论的批评是否成立。贝尔是设在瑞士日内瓦的欧洲原子核研究委员会原子能实验室的一位物理学家。这将是严酷的考验。[3] 他倾向于爱因斯坦几十年前提出的深刻的哲学问题，并提出了一个定理将会最终解决这个问题。（贝尔的定理是基于对以前的 EPR 实验进行重新检验，并分析作反方向运动的两个粒子的相互关系上作出的。）第一个令人信服的实验是 1983 年阿莱恩·阿斯派克特（Alain Aspect）在巴黎大学做成的，其结果证实了量子力学的观点。爱因斯坦对量子理论的批评是错误的。

但是，如果现在可以抛开爱因斯坦对量子理论的批评的话，那么到底哪种量子力学学派是正确的呢？大多数物理学家现在认为哥本哈根学派非常的不完善。现在，我们已经能够操控单个的原子，玻尔所说的将我们和微观世界分隔开了的观点似乎不成立了。"扫描隧道显微镜"事实上已经能够安排单个的原子，拼写出"IBM"的字样，并制造出可用的原子算盘。另外，"纳米技术"这一全新的技术领域也建立在对原子进行操控的基础上。现在，已经能够对单个的原子进行操作，做薛定谔猫之生死实验。

尽管如此，至今为止，仍然没有令所有物理学家都满意的对猫的生死问题的解答。自从索尔未会议上玻尔和爱因斯坦发生冲撞以后几乎都 80 年了，一些顶级的物理学家，包括多位诺贝尔奖获得者，一致想到了用"脱散"（decoherence）问题来解决猫的生死问题。脱散理论的提出，在于猫的波函数非常复杂，因为它包括 10^{25} 个原子的顺序问题，这实在是一个天文数字。因此，活猫和死猫的波函数的干涉非常严重。这意味着这两种波函数会同时在同一空间共存，但却永远不会相互影响。这两个波函数相互"脱散"了，无法再感知对方的存在。在脱散论的其中一个版本中，波函数永远不会"坍缩"，玻尔持此种观点。它们仅仅分离，而且绝不再相互作用。

诺贝尔奖获得者史蒂文·温伯格（Steven Weinberg）将这比作听收音机。转动旋钮，我们可以连续调谐到许多电台。每个频率都是和其他频率"脱散"的，因此两个电台之间不存在干涉。我们的房间同时充斥了来自所有电台的电波，每一个都形成了完整的信息世界，但是它们并不相互作用。我们的收音机，在某个时间只调谐到其中的一个电台。

脱散理论听起来很诱人，因为它意味着可以用普通的波动理论来解决猫的问题，而无需动用波函数的"坍缩"。在这个图景中，波函数永不坍缩。不过，这一理论的逻辑结果却令人不安。在最终的分析中，脱散理论也蕴含着"多宇宙"的阐释。我们得到的不是相互不发生作用的电台，而是不相互作用的多个宇宙。这似乎很怪异，但这的确意味着当大家坐在屋里读我这本书的时候，还存在另外的平行世界的波函数，在那里，纳粹可能赢得了第二次世界大战，人们可能说着奇怪的语言，恐龙可能正在你的起居室里打架，外星人在地球上游荡，甚至连地球都不曾存在。我们的"收音机"只调谐到了我们生存的熟悉的世界，但是在这间屋子里，还有其他的"电台"，在那里有怪异的世界和我们的共存。我们无法和这些恐龙、怪兽、外星人相互作用，因为我们生存在不同的频率中，和它们是脱散的。诺贝尔奖获得者理查德·费曼曾说："我敢说没有人理解量子力学。"[4]

爱因斯坦对量子理论的批评加速了该理论的发展，但是却未能针对其佯谬提出令人满意的解释。他的理论在其他领域却被证明是正确的，其中最引人注目的就是广义相对论领域。在这个原子钟、激光、超级计算机的时代，科学家已经能够对广义相对论作出极为精确的测试。这些实验爱因斯坦当年只有做梦才能实现。例如，1959 年，哈佛大学的罗伯特．V. 庞德（Robert V. Pound）和 G. A. 莱布卡（G. A. Rebka）最终在实验室里证实了爱因斯坦提出的引力红移，即，在不同的引力场，钟表走动的速率不同。他们用放射性钴，从哈佛大学莱曼实验室的地下室发射到 22.5 米高的楼顶。他们使用极其精确的测量设备（其中应用了 Mossbauer 效应），证明光子在运行到楼顶的时候损失了能量（因此频率降低）。1977 年，天文学家耶西·格林斯特恩（Jesse Greenstein）和同事分析了多个白矮星的时间速率。如其所愿，他们证明时间在大引力场中会减慢。

日食实验也以极高的精确度多次重做。1970 年，天文学家确定了两个非常遥远的类星体 3C 279 和 3C 273 的位置。发自这两个类星体的光如爱因斯坦的理论预言的那样发生了弯曲。

原子钟的出现更是大大提高了实验的精度。1971 年，人们将原子钟放在喷气飞机上，分别从美国西海岸飞到东海岸，和从东海岸飞到西海岸。这两座原子钟随后拿来和华盛顿海军天文台的原子钟进行了对比。通过分析在飞行速度不同（高度一定）的飞机上的原子钟的时间，科学家也能够证明狭义相对论成立。然后，通过分析以同样速度，但在不同高度飞行的飞机上的原子钟，就可以证实广义相对论的预言。两种情况都证明了爱因斯坦预言的正确，误差在实验允许范围内。

太空卫星的发射更是大大改变了验证广义相对论的方式。欧洲航天局 1989 年发射的喜帕恰斯（Hipparcos）卫星花了四年的时间计算太阳对星光的弯曲，甚至包括亮度比北斗七星低 1500 倍的星星。在太空深处，无需等待日食，随时都能做这种实验。他们发现星光毫无例外地按照爱因斯坦的预言发生弯曲。事实上，他们发现，在以太阳为中心的整个天空中，距离太阳直到天空半径一半的行星的光都能被它弯曲。

到了 21 世纪，人们准备做一系列高精度实验，来验证广义相对论的精确性，其中包括更多关于双星的实验，甚至月球反射激光的实验。但是最令人兴奋的精确性实验有可能来自引力波实验。爱因斯坦于 1916 年预言了引力波的存在。不过，他毕生未曾有机会看到这种难以捉摸的现象存在的证据。20 世纪早期的实验设备太原始了。不过到了 1993 年，诺贝尔奖授予了两位物理学家，他们分别是罗素·赫尔斯（Russell Hulse）和约瑟夫·泰勒（Joseph Taylor），原因是他们通过分析相互运行的双星间接证明了引力波的存在。

他们分析的是 PSR 1913＋16，这是一颗中子星双星，离地球 16000 光年。这两颗中子星每 70 小时 45 分围绕对方运行一圈，并发射出大量的引力波。我们可以假设用两把勺子搅拌一碗蜜糖，两把勺子各自围绕另一个转动。随着每把勺子在蜜糖里转动，都会留下一条痕迹。如果我们把蜜糖替换为时空结构，勺子替换为死亡的恒星，我们会看到这两者在太空中相互追逐，释放出引力波。由于引力波带有能量，这两颗星最终会耗尽能量，缠绕在一起。通过分析这一双星系统的信号，我们可以计算出双星运转中的精确消耗。正如爱因斯坦的广义相对论所预计的，这两颗星每转一圈就靠近一毫米。一年后，两颗星之间的距离缩小了一米。它们的轨道直径是 70 万千米。这数字正好可以用爱因斯坦的方程算出来。事实上，这两颗星会因为损失引力波，在 2 亿 4 千万年后坍缩到一起。这一精确实验可以看作是对爱因斯坦广义相对论的精确性的考验。所获得的数字极为精确，我们可以得出结论说广义相对论的精确度为 99.7％（很好地控制在实验允许的误差范围内）。

更晚近一些，有更多的人进行了一系列具有深远意义的实验，来直接观察引力波。激光干涉引力波天文台（LIGO）项目有可能很快第一个观测到引力波，它们很可能来自外太空相撞的黑洞。LIGO 使物理学家梦想成真。它是第一个能够测量捕捉到引力波的装置。LIGO 包括设在美国的三个激光设施〔两个在华盛顿的汉福德（Handord），一个在路易斯安那的利文斯敦（Livingston）〕。这是国际协作研究的一部分，其中还包括设在意大利比萨的法国和意大利的探测器 VIRGO，设在日本东京郊外的 TAMA，以及德国汉诺威的英德探测器 GEO600。合在一起，LIGO 最终的建造费用将达到 2.92 亿美元（外加 8000 万美元用于试运行和升级）。这使得它成了美国国家科学基金会资助的最昂贵的研究项目。

　　LIGO 所使用的激光设备和 19、20 世纪之交迈克耳孙-莫雷用来探测以太风的设备很相似，只不过这个设备用激光代替了普通光束。一个激光束被分为两束，垂直相交。碰到一面镜子后，这两束激光重新合二为一。假如引力波碰到了干涉计，激光光束的路径长度会出现扰动，显示为两束激光的干涉图样。为了确认碰到仪器上的信号不是假信号，激光探测器应该设置在全球多个地区。只有体积超过地球的天体发出的大型引力波才会同时激发所有的探测器。

　　最终，欧洲航天局和美国国家宇航局（NASA）还要将一系列这样的激光探测器部署到外太空。到 2010 年，NASA 将发射三颗卫星，这种卫星叫做 LISA（激光干涉太空天线）。它们将以和地球一样的距离绕太阳运转。这三个激光探测器将在外太空形成一个等边三角形（每个边长为 480 万千米）。该系统将极其敏锐精确，能够测量出十万万万亿分之一的振动（对应一个单一原子的百分之一宽度的变换）。这样科学家就能探测到大爆炸本身所产生的最初的振动。一切顺利的话，LISA 将能够瞥见大爆炸后第一个一百万兆分之一秒内发生的事。它将是探索宇宙创生的最强大的工具。这非常关键。因为人们相信，LISA 有可能发现揭示九九归一的大一统理论——统一场论——的本性的第一个实验数据。

爱因斯坦提出的另一重要工具是引力透镜。1936年，他证明附近的星系可以作为巨大的透镜，聚焦来自遥远星系的光。爱因斯坦提出的这种透镜几十年后才被人们观测到。第一个突破是 1979 年作出的，当时天文学家观测 Q0957＋561，发现空间弯曲了，形成了一个透镜，将光会聚了起来。

1988 年，从 MG1131＋0456 这个射电源观测到了第一个爱因斯坦环。自那以来，人们已经观测到了大约 20 来个爱因斯坦环，多数是片断性的。1997年，哈勃太空望远镜和英国的 MERLIN（Multi-Element Radio Linked Interferometer Network）射电望远镜阵列观测到了第一个完整的爱因斯坦环。通过分析遥远的 1938＋666 星系，它们发现该星系环绕着这样的环。曼彻斯特大学的伊恩·布朗（Ian Brown）博士说："起初，它看上去像是人为的，我们以为那是图像处理上的偏差，可马上我们就意识到自己看到的是个爱因斯坦环！"[5]英国的天文学家对这一发现感到欢欣鼓舞，宣称："这是个牛眼！"[6]这个环很小，它只有一秒的弧度，相当于从 3.2 千米外看一便士的硬币的感觉。不过，这却证明了爱因斯坦几十年前的预言。

广义相对论所激发的最重大的进展是在宇宙学领域。1965 年罗伯特·威尔逊（Robert Wilson）和阿恩·宾齐亚斯（Arno Penzias）这两位物理学家使用新泽西的贝尔实验室的射电望远镜发现了外层空间的微弱的微波辐射。这两位物理学家当时尚不了解盖莫夫和他的学生在这方面所作的开创性的研究，偶然间捕获到了宇宙大爆炸所遗留的宇宙辐射，却未意识到。（传说，他们以为这是射电望远镜上的鸟粪所造成的干扰。后来，普林斯顿的物理学家 R. H. 迪克（R. H. Dicke）正确辨认出了这种辐射就是盖莫夫所提出的微波背景辐射。）宾齐亚斯和威尔逊因为这一开创性研究获得了诺贝尔奖。从那时起，1989 年发射的 COBE（Cosmic Background Explorer，意为"宇宙背景探索者"）卫星，已经给我们带来了关于这种微波背景辐射最为详尽的图片，拍摄得非常细腻。加利福尼亚大学伯克利分校的物理学家乔治·史穆特（George Smoot）领导的研究小组仔细分析了这一细腻背景上微小的波纹，制作出了宇宙年龄在400000 年时的背景辐射照片。媒体错误地将此图片称作"上帝的面孔"。（实际上，这张照片不是上帝的面孔，而是大爆炸后宇宙婴儿期的照片。）

这张照片中最有趣的是上面细微的皱纹，可能是大爆炸中微小的量子波动。根据不确定性原理，大爆炸不可能是完美的万事顺遂的爆炸，因为量子效应肯定会造成某种规模的波动。而这正是伯克利的研究小组所发现的。（事实上，假如他们没有发现这些波纹，那倒会成了不确定性原理的重大挫折。）这些波纹不仅表明不确定性原理适应宇宙诞生时的情况，而且为科学家提供了一种也许可以接受的有关我们"粗糙的宇宙"的创生的机制。当我们向四周看去，会发现星系成群出现，因此使得宇宙的纹理显得很粗糙。这种粗糙可以很容易地解释为大爆炸所产生的波纹，随着宇宙的膨胀被拉伸了。因此，当我们观察宇宙中的星系时，可能正是在看最初的大爆炸由于不确定性原理所遗留下来的波纹。

不过，对爱因斯坦的研究最引人注目的重新发现是"暗能量"。如我们先前所看到的，在 1917 年，他引入了宇宙常数（亦即真空的能量）的概念，这是为了避免得出宇宙膨胀的结论。（我们回顾一下，广义协变只允许两项，即里奇张量和时空总量，因此宇宙常数不能轻易放弃。）后来，埃德温·哈勃向他表明，宇宙事实上正在膨胀。爱因斯坦随即把宇宙常数称作自己最大的失误。不过，2000 年的发现却揭示出爱因斯坦有可能真是对的：不仅存在宇宙常数，而且组成整个宇宙的最大比例的物质/能量有可能是暗能量。通过分析遥远星系中的超新星，天文学家已经能够计算出几十亿年来宇宙膨胀的速率。令人惊奇的是，他们发现宇宙的膨胀不是在减速，而是在加速。我们的宇宙处于失控的状态，最终将无限制地膨胀下去。这样一来，我们现在就能预言我们的宇宙会如何消亡。

起先，一些宇宙学家相信宇宙中会有足够的物质，扭转膨胀过程，宇宙最终会开始收缩，人们会在外太空看到蓝移。［物理学家史蒂芬·霍金（Stephen Hawking）甚至认为随着宇宙收缩，时间会逆转，历史会像快倒录像那样重复。这意味着人会越活越年轻，跳回母亲的子宫；或是从游泳池里飞到跳台顶上；煎蛋会跳回蛋壳中，重新变成完好的鸡蛋。不过霍金后来又承认自己搞错了。］宇宙会最终发生"内爆"，随着"大收缩"产生巨大的热量。还有一些人预计宇宙会出现另一次大爆炸，由此产生振荡的宇宙。

不过，这些预计现在都已经被实验结果否定了，因为宇宙看来是处于加速膨胀过程中。符合观测数据的最简单的解释看来是应该假设宇宙中存在大量的暗能量，起到一种反引力的作用，将星系推开。宇宙膨胀得越大，其中的真空能量就越多，这就会转过来将星系推开得更远，使宇宙膨胀加速。

这似乎是符合"暴胀宇宙（inflationary universe）"的某个理论。该理论首先是由麻省理工学院的物理学家艾伦·古斯（Alan Guth）提出的，这对弗里德曼和勒梅特最初的大爆炸理论进行了修正。暴胀理论所揭示的图景中，膨胀有两个阶段。第一阶段非常快，呈指数级增长。宇宙常数很大。最终，这种指数级的膨胀结束了，膨胀速度降低到弗里德曼和勒梅特所观测到的正常水平。假如这种观点是正确的，那么它意味着我们周围可见的宇宙，只不过是更广大的时空的一小部分。近期的实验，包括高空探测气球实验，为膨胀提供了可信的证据，指明宇宙似乎近似于扁平，这也就表明了它实际是多么大。我们就像是趴在气球上的蚂蚁，我们之所以认为的宇宙是扁平的，其原因就在于我们自己太渺小了。

暗能量也迫使我们对自己在宇宙中的角色和位置进行重新评价。哥白尼曾向我们表明，人类在太阳系中的位置没有什么特别。暗物质的存在表明构成我们周围世界的原子没什么特别的，因为构成宇宙的90％的物质都是神秘的暗物质。现在，宇宙常数表明，暗能量超过暗物质，而暗物质又超过恒星和星系的能量。原本是爱因斯坦为了使宇宙保持平衡而不得不引入的宇宙常数，现在有可能是宇宙中最大的能量源。（2003 年，WMAP 卫星证明宇宙中 4％的物质和能量是以普通的原子形态存在，23％的是某种形式的暗物质，而 73％则是暗能量。）

广义相对论带来的另一个奇怪的预言是黑洞。1916 年，当史瓦西重新引入了暗恒星的概念的时候，人们还只当这是科幻小说中的提法。不过，哈勃太空望远镜和甚大阵射电望远镜现在已经证实有超过 50个黑洞存在，大部分都隐藏在大型星系的中心。事实上，许多天文学家现在认为在上万亿的星系中，或许有一半的星系中心存在黑洞。

爱因斯坦指出了这些特殊对象的存在：根据定义，黑洞是不可见的，因为光无法从里面逃逸出来，因此特别难于通过正常的方法观测到。哈勃太空望远镜深入到了遥远的类星体和星系内部，拍摄到了一些惊人的照片，显示在遥远星系中心的黑洞周围有旋转的盘状物质，比如在 M－87 和 NGC－4258 中就是如此。通过计算可以发现，这些物质围绕黑洞旋转的速度为每小时数百万千米。哈勃望远镜拍摄的最精细的照片显示，在黑洞中心有一个点，直径为一光年，其力量能够使一个直径 100000 光年的星系绕其旋转。经过多年的猜测之后，2002 年人们发现，就在我们所在的银河系中，就存在一个黑洞，其质量等于 200 万个太阳。因此，我们可以得到这样一幅图景：地球绕太阳转，太阳绕黑洞转。

根据 18 世纪米切尔（Mitchell）和拉普拉斯的研究，暗恒星和黑洞的质量和其半径成正比关系。因此，我们所在星系中心的黑洞的半径，是水星轨道半径的十分之一。这么小的物体能够影响到整个星系的运动，真是不可思议。2001 年，天文学家利用爱因斯坦透镜效应，宣布说他们发现了一个在银河系中游荡的黑洞。这个黑洞在移动的时候，吞噬了周围的光。通过跟踪光被吞噬的运动轨迹，天文学家可以计算出该黑洞在太空中的轨道。（任何游荡的黑洞一旦靠近了地球，就会带来灾难性的后果。它会轻易地吃掉整个太阳系，连个饱嗝都不会打。）

1963 年，黑洞研究出现了飞越。当时新西兰数学家罗伊·克尔（Roy Kerr）将史瓦西的黑洞概念扩展开，把旋转黑洞也包括进来。由于宇宙中所有的东西都在旋转，而且当对象坍缩时，旋转加快，因此我们可以自然地推论认为黑洞的旋转速度肯定很快。令所有人惊奇的是，克尔得出了爱因斯坦方程的一个精确的解，推论出恒星会坍缩成旋转的环。引力会使环坍缩，但是离心作用会变得足够强大，和引力相抵消，使旋转环进入稳定状态。最令相对论者迷惑的是如果有人穿越了这个环，他不会被压死。其中心的引力非常大，但却是有限的，因此原则上讲人会直接穿越该环，进入另一个宇宙。穿越爱因斯坦-罗森桥的旅行并不一定会置人于死地。如果环足够大，人们就有可能安全进入平行的宇宙。

物理学家立即就开始驳斥这种假如落入克尔黑洞后可能发生的事情的说法。与这种黑洞碰面肯定是令人难忘的经历。从理论上讲，它可能为我们提供通往其他星际的捷径，在一瞬间把我们传送到星系的另一端，甚至可能是另一个宇宙中。随着越来越接近克尔黑洞，人们会经历一个事件视界，此后就再也无法回到出发的地方（除非有另外一个克尔黑洞将平行宇宙和我们的宇宙联系起来，这样才可能形成回程）。另外，这里面还有稳定性的问题。人们可以证明，如果有人穿过了爱因斯坦-罗森桥，那么他所带来的时空扭曲可能迫使克尔黑洞关闭，使他不可能穿越这个爱因斯坦-罗森桥。

这种充当两个宇宙间的门户的克尔黑洞的概念虽

然奇特，在物理学的层面上，人们却无法抛弃它，因为黑洞事实上确实是高速旋转的。不过，人们很快就弄清楚了，这些黑洞不仅是连接了空间中两个距离遥远的点，而且是连接了两个时间，从而起到了时间机器的作用。

1949年，哥德尔通过爱因斯坦的方程发现了第一个时间旅行的解时，人们认为这是个新鲜事，是该方程的一个反常的孤解。可是，从那以后，人们已经发现了爱因斯坦方程的多个时间旅行的解。例如，人们发现 W.J. 范．司托库姆（W.J. van Stockum）1936年得出的一个解允许时间旅行的存在。司托库姆的解描述一个快速绕自身轴旋转的无限长柱体起着时间机器的作用。如果我们绕此旋转的长柱体旅行，就有可能回到出发的地点，这很像1949年哥德尔的解。虽然这个解很迷人，但问题是这个长柱体必须是无限长的。有限长的旋转柱体显然不行。因此，从原则上讲，哥德尔和司托库姆的解在物理学的意义上都可以被抛弃。

1988年，美国加利福尼亚理工学院的基普·索恩（Kip Thorne）和同事发现了爱因斯坦方程的另一个解，允许通过虫洞实现时间旅行。他们指出，一种新型的虫洞是完全可以横向穿越的，因此能够解决穿过事件视界的单一旅行问题。事实上，他们计算出，乘坐这种时间机器旅行，其舒适度不亚于乘坐民航飞机。

这些时间机器的关键在于物质或能量将时空弯曲

到自身。要想把时间扭一个圈，需要极大的能量，这种能量超出了现代科学所知道的范围。对于索恩的时间机器来说，需要借助于负物质或负能量。谁也没见过负物质。事实上，如果你手上有一块负物质，它会向上坠落，而不是向下。对负物质的寻找一直都劳而无功。假如地球上数十亿年前存在有负物质的话，它也早已掉到了外太空，永远找不到了。负能量则是以卡西米尔效应（Casimir effect）的形式存在。假如我们端着两个平行的中性的金属盘子，我们知道它们都不带电，因此互相既不相吸，也不相斥。它们应该静止不动。可是，1948年亨里克·卡西米尔（Henrik Casimir）展示了一种奇怪的量子效应，表明这两个盘子会相吸，这一力量极小，但绝不是零。人们在实验室测到了这种力。

这样一来，我们就可以如此这般制造出索恩时间机器：取两组平行的金属盘。由于存在卡西米尔效应，每组盘子之间的区域会有负能量。根据爱因斯坦的理论，负能量会打开该区域时空中的微小的孔或泡（比亚原子粒子还要小）。现在我们来假设，某个发展进程远远超过人类的高级文明生物能够利用这些孔洞，控制每组盘子中的某个孔洞，将其拉伸，直到一根长长的管子或是虫洞将两组盘子连接起来。（现今人类的技术还远远无法用虫洞将这两组盘子联系起来。）现在用火箭以接近光速的速度运送一对盘子，这样飞船上的时间会变慢。如我们前面所讨论的那样，火箭上的钟表走的速度比地球上的慢。如果我们跳入地球上那些平行的盘子里的孔洞中，就会被吸入连接两个盘子的虫洞，发现自己置身于火箭中，回到了过去，处于不同的空间和时间。

从那以后，时间机器这一领域（更确切地说应该叫做"闭合时间曲线"）成了物理学中一个活跃的领域，许多论文根据不同的设计发表了出来。它们全部都是基于爱因斯坦的理论。不过并不是所有的物理学家都对此感兴趣。比如，霍金就不喜欢时间旅行的概念。他半开玩笑地说，如果时间旅行可能的话，我们周围肯定充满了来自未来的人，可我们从未看见过这样的人。如果时间机器是稀松平常之物，那就根本不可能写出历史，因为只要有人轻轻一拨他们的时间机器，就会改写历史。霍金曾宣称，他想让这个世界成为对历史学家安全的世界。不过，T. H. 怀特（T. H. White）的《过去与将来之王》（*The Once and Future King*）这部小说中，有一个蚂蚁组成的社会，其格言是"凡未被禁止之物皆是必然"。物理学家对此深信不疑，因此霍金就不得不提出了"时序保护猜想"，强行禁止了时间机器的可能性。（霍金此后又放弃了对该推测的证明。现在他的观点是时间机器虽然理论上讲是可能的，但实践上不可行。）

这些时间机器显然都符合我们所认识的物理学原则。当然，其中的问题在于获得所需的极大的能量（只有"极端先进的文明"方能拥有这样的能量），并证明这些虫洞能够抵抗量子修正（quantum corrections），而且不会在人刚进入后爆炸或是关闭。

另外，还得提一下时间佯谬（比如某人在自己出生前杀死了自己的父母）有可能通过时间机器来得到解决。由于爱因斯坦的理论是基于平滑、弯曲的黎曼平面的，我们在进入过去，制造了时间佯谬时不会简单地消失。时间旅行佯谬有两种可能的解决办法。第一种，如果时间长河中存在漩涡，那么当我们进入时间机器，可能只是重现历史。这意味着时间旅行是可能的，但我们却无法改变历史，只能完成它。我们必然是要进入这种时间机器的。俄罗斯宇宙学家伊戈尔·诺维科夫（Igor Novikov）即持此观点。他说："我们无法派一个时间旅行者回到伊甸园，让夏娃不要摘树上的苹果。"[7]第二种可能，是时间之河有可能分岔形成两条河；也就是说有可能出现平行的宇宙。这样一来，如果一个人在自己出生前打死了自己的父母，那他杀死的只是从遗传上和自己的父母一样的两个人，但他们并非真的是自己的父母。他自己的父母照样还是生下了他。所发生的事情只是这个人在自己的宇宙和另外一个宇宙间变换了，因此所有的时间佯谬问题就解决了。

但是最接近爱因斯坦的核心的问题还是他的统一场论。爱因斯坦曾向海伦·杜卡斯说也许再过100年，物理学家就能明白他所考虑的东西了。他错了。他去世后不到50年，统一场论再次引起了人们的兴趣。原本被物理学家认作不可能达到的统一论，现在似乎快能够得着了。几乎每次理论物理学家的学术会议上，统一场论都是主要议题。

自古希腊的德谟克利特开始，人类就不断探索宇宙的构成。经过了对物质本性2000多年的探索，物理学带来了两大完全不能相容的理论。第一个是量子理论，它在描述原子和亚原子粒子构成的世界上无与伦比。第二个是爱因斯坦的广义相对论，它给我们带来了诸如黑洞、膨胀的宇宙等令人惊叹的理论。最大的矛盾在于，这两大理论处于完全对立的状态。它们的基础是不同的假设、不同的数学方法，以及不同的物理图景。量子理论是基于离散的能量包（即"量子"），以及亚原子粒子的相互作用。而相对论则是基于平滑的表面。

　　现在，物理学家已经把量子物理学发展成了最为复杂的科学，其中还包含了所谓的"标准模型"，能够解释所有亚原子的实验数据。在某种意义上，这是最成功的理论。对于四种基本的力，它能够解释描述其中三种的性质（电磁力、弱作用力和强作用力）。"标准模型"虽然极为成功，却仍存在两个大问题。第一，它极其丑陋，有可能是科学中所提出的最丑陋的理论。这一理论是强行把电磁作用力、弱作用力和强作用力扭在一起的。这就好像把鲸、非洲食蚁兽和长颈鹿用胶带粘在一起形成一个新物种，然后宣称这是自然造化的结晶，是百万年来生物进化的结果。近看，标准模型包括一堆令人迷惑的乱七八糟的亚原子粒子，它们的名字都很奇怪，毫无意义，比如夸克、希格斯介子、杨-米尔斯粒子、W玻色子、胶子、中微子等。最糟糕的是，标准模型中根本没提引力的事儿。事实上，如果强行把引力纳入到标准模型中，就会发现该理论立即会完蛋。它什么也推导不出来。50年来，所有希望将量子理论和相对论结合在一起的努力都毫无结果。面对该理论在审美方面的缺陷，我们只有认为，其唯一的好处是在实验结果方面不可否认是正确的。很显然，我们需要做的，是超越标准模型，重新审视爱因斯坦的统一论方法。

50年后，最有可能成为将相对论和量子理论结合在一起的"万物至理"的候选者是"超弦理论"。事实上，这只是一个关起门来的游戏，因为所有的竞争对手都被排除在外了。物理学家史蒂文·温伯格（Steven Weinberg）曾说："弦理论为我们提供了第一个终极理论的候选者。"[8]温伯格认为，指导古代航海者的地图都指向了一个传说中存在的北极点。几个世纪后，直到1909年罗伯特·皮尔里（Robert Peary）才首次踏上北极点。与此类似，粒子物理学所有的发现都指向了宇宙中的一个"北极点"，即统一场论。超弦理论能够以令人惊奇的简单方式，吸收量子理论和相对论所有有益的地方。超弦理论的基本原理是可以将亚原子粒子看作是振动琴弦上的音符。虽然爱因斯坦曾经将物质比作木头，因为它具有各种混乱的属性，而且本质也很混沌；超弦理论则把物质看成了音乐。（爱因斯坦本人是个优秀的小提琴演奏者，所以也许他会喜欢这种比方。）

20世纪50年代中，物理学家对弄清楚亚原子粒子简直丧失了信心，因为新的粒子层出不穷地出现。

罗伯特·奥本海默有一次厌烦地说："诺贝尔物理学奖应该授予当年没有发现任何粒子的物理学家。"[9] 而且人们老是拿奇怪的希腊语给这些亚原子粒子起名，恩里科·费米说："我要是早知道会有这么多粒子叫希腊名，我就不做物理学家，改行学植物学了。"[10] 但是根据弦理论的说法，如果我们有一种超级显微镜，直接看到电子内部，就会发现根本没有点粒子，而是振动的弦。当超弦以不同的方式或音符振动，它就会变成另外一种亚原子粒子，比如光子或是中微子。在这一图景中，我们在自然界中所看到的亚原子粒子可以看作是超弦最低的八度音阶。因此，几十年来所发现的不同的亚原子粒子，只不过是超弦上不同的音符。看起来令人迷惑而又随意的化学原理，是超弦演奏出的旋律。宇宙本身则是超弦构成的交响乐。物理学原理只不过是超弦构成的和弦。

超弦理论还能容纳爱因斯坦在相对论上的所有成果。超弦在时空中运动，会迫使周围的空间弯曲，恰如爱因斯坦在 1915 年预言的那样。事实上，除非超弦能够在符合广义相对论的时空中运动，它本身才会变成非自洽的。正如物理学家爱德华·威滕（Edward Witten）曾经说过的，即便爱因斯坦不曾发现广义相对论，它也会随着弦理论的提出而被发现。威滕说："弦理论非常迷人，因为引力迫使我们如此。所有自洽的弦理论都包括引力，因此虽然在量子场论中没有引力的地位，可在弦理论中它却是必需的。"[11]

不过，弦理论也会给出一些十分令人惊讶的预言。弦只能在 10 个维度中运动（1 个时间维度，9 个空间维度）。事实上，弦理论是唯一限制了自身时空维度的理论。正如 1921 年提出的卡鲁扎-克莱因理论，它通过假设高维度可以振动，产生能够像光一样传遍三个维度的力，从而将引力和电磁力统一在一起。［如果再加入第十一个维度，那么弦理论就允许在多维空间的膜（membranes）的振动。这叫做"M 理论"。它可以吸收弦理论，通过第十一个维度这一角度，揭示弦理论的新境界。］

假如爱因斯坦活到现在，他会怎么看超弦理论？物理学家戴维·格罗斯（David Gross）说："爱因斯坦会对此感到高兴，假如不是为其实现的结果，至少也会为其目标而欣慰……他会因为其中蕴含的几何原理而欢迎它——可惜，我们对这种几何原理不甚了然。"[12] 我们前面看到，爱因斯坦的统一场论是力图从几何（大理石）中得出物质（木头）。格罗斯对此评价说："从几何中产生物质——弦理论从某种意义上说正是为此……这是一种引力定律，物质粒子及其他自然界中的力都像引力一样，来自几何结构。"从弦理论的角度回顾爱因斯坦在统一场论上的研究，能够给我们带来些启示。爱因斯坦天才的关键所在，是他能够将统一自然法则的关键的对称性给分离出来。统一空间和时间的对称性是洛伦兹变换或四维变换。引力背后的对称性是广义协变原理或时空的任意协调转换。

不过，爱因斯坦的第三次努力，即探索统一理论的工作失败了。这主要是因为他缺乏能够将引力和光，或是将大理石（几何）和木头（物质）统一起来的对称性原理。当然，他自己也清楚地知道，自己缺乏某种根本性的原理，指引自己穿越张量演算的灌木丛。他曾经写道："我相信，要想取得真正的进展，必须从自然界再次推导出某种大的原则。"[13]

超弦所提供的正是这种原则。超弦背后的对称性称作"超对称性"，这是一种将物质和各种力结合在一起的奇怪而优美的对称性。如前所述，亚原子粒子具有"自旋"的特性，就像陀螺一样。电子、质子、中子、夸克构成物质的粒子的自旋都是1/2，它们被称作"费米子"，其得名来自恩里科·费米，他研究了半整数值自旋粒子的属性。不过，力的量子却是基于电磁力（自旋为1）和引力（自旋为2）。注意它们都有整数自旋，称作"玻色子"（得名自玻色和爱因斯坦的研究）。关键的问题是，通常说来，物质（木头）是由具有半整数值自旋的费米子构成的，而各种力（大理石）则是整数自旋的玻色子构成的。超对称性将费米子和玻色子结合在了一起。这是最基本的一点，即超对称性可以将大理石和木头统一在一起，这正是爱因斯坦所希望的。事实上，超对称性允许一种新几何学的出现，它甚至使数学家都大吃一惊。这种几何学称作"超空间"，这使得"超大理石"的存在成为可能。用这种新的方法，我们必须将旧的空间和时间维度进行广义扩展，使其包括新的费米子维度，这就允许我们创造出"超力"，所有的力都诞生自创世的瞬间。

这样一来，一些物理学家预计，我们可以这样表述爱因斯坦的广义协变的最初原理：物理方程必须是超协变式的（即，经过超协变转换后，仍保持同样的形式）。

超弦理论允许我们对爱因斯坦的统一场论研究进行重新分析，不过是以一种全新的眼光。当我们开始分析超弦方程的解的时候，遇到了许多爱因斯坦在20世纪20年代和30年代碰到过的奇怪的空间。从前面我们看到，他是概括了黎曼空间进行研究的，这和弦理论所发现的空间相对应。爱因斯坦一一艰难地研究了这些奇怪的空间（包括复杂空间、扭转空间、"扭曲空间"、"反对称空间"等），但是他最终迷路了，因为他缺乏物理定律或物理图景指引他穿越数学丛林。超对称性正是从这一点上切入的——它像某种组织原则，使我们能够以另一种角度分析这些空间。

但是爱因斯坦生命中最后的30年苦苦寻求的这种对称性，就是超对称性吗？爱因斯坦统一场论的关键，就是它必须由纯粹的大理石构成，即它必须是纯粹几何学的。他最初的相对论中大量存在的丑陋的"木头"必须融入几何中。超对称性可能是这种纯粹的大理石构成的理论的关键。在这种理论中，我们可以导入所谓的"超空间"，在此空间中，空间本身也是超对称的。换言之，最终的统一场论有可能是"超大理石"构成的，源自新的"超几何学"。

物理学家现在认为，在大爆炸发生的瞬间，世界上所有的对称性都是统一的，正如爱因斯坦所认为的那样。我们在自然界所看到的四种力（引力、电磁作用力、原子核的强作用力和弱作用力）都在创世的瞬间统一成了一种"超力"，只有在后来宇宙冷却之后才分裂开。爱因斯坦所追求的统一场论当时似乎是不可能的，这只是因为现在我们看到的四种力已经分裂为四份。如果我们能将时间往回拨 137 亿年，回到大爆炸的瞬间，我们会看到爱因斯坦所想象的宇宙的统一的面貌。

威滕宣称终将有一天，弦理论将一统物理学的天下，正如过去半个世纪以来量子力学一统江湖一样。不过，弦理论还必须面对许多可怕的障碍。该理论的批评人士指出了它的一些弱点。首先，该理论不可能直接验证。由于超弦理论是有关宇宙的理论，验证它的唯一办法是重新制造一次大爆炸，即在粒子加速器中制造出能够模拟出宇宙诞生时的能量。要想做到这一点，需要建造像一整个星系那么大的粒子加速器。这自然是做不到的，再高级的生命也不行。不过，大多数物理学研究都不是直接进行的，因此人们对将在瑞士日内瓦建设的大型强子对撞机（LHC）寄予厚望，希望它能足够强大，帮助人们探索这一理论。LHC 很快将投入运行，它将能把质子加速到万亿电子伏特，足以将原子击碎。通过检查这种壮观的对撞所产生的碎片，物理学家希望能够找到一种新的粒子，即超级对称粒子，或称超粒子（sparticle），它将显示出超弦更高的共振或音阶特点。

甚至有人猜测暗物质可能就是由超粒子构成的。例如，光子的伙伴，称作"光微子"，是不带电荷的中性粒子，稳定且有质量。如果宇宙中充满了光微子气体，那我们不会看见它，但它的行为会很像暗物质。有朝一日，假如我们确定了暗物质的本质，则有可能间接证明超弦理论。

　　另一种间接证明该理论的办法是分析大爆炸所产生的引力波。下一个 10 年，LISA 引力波探测器将发射到宇宙空间。它们有可能最终搜集到大爆炸之后万亿分之一秒时所释放出的引力波。如果这些结果和弦理论的预言相符，那么这样的数据就有可能最终证明该理论的正确性。

　　M 理论也有可能解释困扰卡鲁扎-克莱因宇宙的一些难题。大家是否还记得，卡鲁扎-克莱因宇宙面临的最大问题就是这些高维度在实验室中无法看到，另外它们还必须比原子还小得多（不然的话，原子就会飘移到这些高维度中去）。但是 M 理论却为我们提供了解决这个问题的可能。它假设我们的宇宙就是飘浮在一个无限的十一维的多维空间的膜。这样，亚原子粒子和原子就会被禁闭在我们的膜（即我们的宇宙）中，但是引力，由于它是多维空间的一种畸变，因此可以在多个宇宙间自由流动。

　　这种假说虽然奇怪，但却能被验证。自从艾萨克·牛顿以来，物理学家就知道，引力与距离的平方成反比。在四维空间中，引力应该与距离的立方成反比。因此，通过测量完美的平方反比定律的微小偏差，我们就有可能探测出其他宇宙的存在。最近，有人推测，如果在我们的宇宙旁边仅仅一毫米的地方存在一个平行宇宙，那么它也将符合牛顿引力定律，而且有可能通过 LHC 探测到。这在物理学家当中激起了相当的反响。他们意识到超弦理论的一个方面有可能很快得到验证，其方法是通过寻找超粒子，或是寻找我们的宇宙旁边一毫米处的平行宇宙。

这些平行宇宙有可能为暗物质提供另一种解释。如果附近存在平行宇宙，我们将无法看到或感觉到它（因为物质是禁闭在我们的膜宇宙中的），但是我们将能感觉到它的引力（因为引力可以在宇宙之间传播）。对我们来说，这就好像是看不见的空间具有某种形式的引力，这很像暗物质。事实上，一些超弦理论专家已经猜测，也许可以把暗物质解释为附近的平行宇宙所产生的引力。

但是证明超弦理论正确性的真正的问题不是实验。我们无需建造巨大的原子加速器或发射空间卫星来证明这一理论。真正的问题是纯理论的：如果我们足够聪明，能够证明这一理论，我们就应该能求得它所有的解，这就应该包括我们的宇宙，以及其中的恒星、星系、行星、人类等。到现在为止，地球上还没有人能这么聪明，解出这些方程。也许明天，也许几十年后，会有人宣布他们彻底解决了这一理论。到那时，我们就能判断，到底这一理论是万物至理，还是一无是处的理论。由于弦理论非常精确，不存在任何调整的参数，因此不存在中间状态。

超弦理论或 M 理论能否会允许我们将自然界的法则统一成简单的、连续的整体，就像爱因斯坦所说的那样？目前要想做出判断还为时过早。我们不妨回顾爱因斯坦的话："创造原理蕴含于数学之中。因此，从某种意义上说，我相信，正如古人所梦想的那样，纯粹的四维可以抓住现实。"[14] 也许本书的某个年轻的读者会受到对统一论的追求的激励，去完成这一大业。那么，该如何重新看待爱因斯坦留给我们的遗产？也许，我们不该说他 1925 年后应该归隐山林，钓鱼去也。对他更恰当的赞颂应该是：所有物理学知识的基本，都蕴含在两大柱石中：广义相对论和量子理论。爱因斯坦是前者的创立者，是后者的教父，并为两者可能存在的统一铺平了道路。

注 释

前言

[1] "A pop icon on a par...": Brian, p. 436.

[2] "In the remaining 30 years of his life...": Pais, *Einstein Lived Here*, p. 43.

第 1 章　爱因斯坦之前的物理学

[1] "If A is success, I should say...": Pais, *Einstein Lived Here*, p. 152.

[2] "Everyone who had real contact...": French, p. 171.

[3] "tortured man, an extremely neurotic...": Cropper, p. 19.

[4] "is the most profound and the most fruitful that physics...": 同上，p. 173.

[5] "The idea of the time of magnetic action...": 同上，p. 163.

[6] "We can scarcely avoid the conclusion...": 同上，p. 164.

第 2 章　爱因斯坦的早年生活

[1] "A sound skull is needed...": Brian, p. 3.

[2] "It doesn't matter;...": Clark, p. 27.

[3] "Classmates regarded Albert as a freak...":

Brian, p. 3.

[4] "Yes, that is true..."：Pais, *Subtle Is the Lord*, p. 38.

[5] "It is, in fact, nothing short..."：Cropper, p. 205.

[6] "A wonder of such nature..."：Schilpp, p. 9.

[7] "Through the reading of popular books..."：同上, p. 5.

[8] "In all these years I never..."：Pais, *Subtle Is the Lord*, p. 38.

[9] "At the age of 12,..."：Schilpp, p. 9.

[10] "Soon the flight of his mathematical genius..."：Sugimoto, p. 14.

[11] "philosophical nonsense..."：Brian, p. 7.

[12] "I love the Swiss..."：Clark, p. 65.

[13] "Whoever approached him was captivated..."：Folsing, p. 39.

[14] "Many a young or elderly woman..."：同上, p. 44.

[15] "Beloved sweetheart..."：Brian, p. 12; Folsing, p. 42.

[16] "a work which I read with breathless attention."：Schilpp, p. 15.

[17] "such a principle resulted from a paradox upon which..."：同上, p. 53.

[18] "All physical theories, their mathematical expression notwithstanding,..."：Calaprice, p. 261.

[19] "most fascinating subject at the time..."：Clark, p. 55.

[20] "You are a smart boy, Einstein,..."：Pais, *Subtle Is the Lord*, p. 44; Brian, p. 31.

[21] "You're enthusiastic, but hopeless at physics..."：Folsing, p. 57.

[22] "something very great"：Sugimoto, p. 19.

[23] "I can go anywhere I want—..."：Folsing, p. 71.

[24] "My sweetheart has a very wicked tongue..."：Brian, p. 31.

[25] "This Miss Marie is causing me..."：同上，p. 47.

[26] "By the time you're 30, she'll be an old witch"：同上.

[27] "What's to become of her?"：同上，p. 25.

[28] "who cannot gain entrance to a good family."：同上.

[29] "I would have found [a job]..."：Thorne, p. 69.

[30] "By the mere existence of his stomach,..."：Schilpp, p. 3.

[31] "I am nothing but a burden to my relatives..."：Pais, *Subtle Is the Lord*, p. 41.

[32] "pissing ink"：Brian，p. 69.

[33] "worldly monastery."：同上，p. 52.

[34] "Many years later, he still recalled..."：同上，p. 53.

[35] "sad fate did not permit [her father]..."：同上.

[36] "The door of the flat was open to allow the floor,..."：Sugimoto，p. 33.

[37] "private lessons in mathematics and physics"：*Ibid.*，p. 31.

[38] "These words of Epicurus applied to us:..."：Brian，p. 55.

第3章 相对论和"奇迹年"

[1] "The germ of the special relativity theory..."：Folsing，p. 166.

[2] "A storm broke loose in my mind."：Brian，p. 61.

[3] "The solution came to me suddenly..."：同上.

[4] "I owe more to Maxwell than to anyone"：同上，p. 152. 许多传记作家都将爱因斯坦的理论思想的起源归因于迈克耳孙-莫雷实验。但是爱因斯坦曾在多个场合表明，这一实验只对他的思想从侧面有点影响。引导他得出相对论的是麦克斯韦方程。他最初的论文的目的，就是表明根据相对论，麦克斯韦方程中隐含着对称性，而这种对称性可以上升到普遍的物

理学原则的高度。

［5］"Thank you，I've completely solved the problem."：Folsing，p. 155；Pais，*Subtle Is the Lord*，p. 139.

［6］"one of the most remarkable volumes in the whole..."：Cropper，p. 206.

［7］"The idea is amusing and enticing;..."：Folsing，p. 196.

［8］"for the time being..."：同上，p. 197.

［9］"Imagine the audacity of such a step..."：Brian，p. 71.

［10］"From now on，space and time separately have vanished..."：同上，p. 72.

［11］"The main thing is the content,..."：同上，p. 76.

［12］"superfluous erudition"：Cropper，p. 220.

［13］"Since the mathematicians have attacked the relativity..."：Clark，p. 159.

［14］"might have remained stuck in its diapers."：Cropper，p. 220.

［15］"As a student he was treated contemptuously by the professors..."：Brian，p. 73.

［16］"The festivities ended in the Hotel National,..."：同上，p. 75.

［17］"He appeared in class in somewhat shabby attire,..."：Cropper，p. 215.

［18］Another paradox involves two objects. each shorter than the other. ：几十年来，为了表明相对论的本质有多奇怪，已经提出了许多的佯谬。这些佯谬往往牵扯到旅行时根据速度不同的两个参照系来观察对象。佯谬的产生在于每个参照系中的观察者看到物体的行为是完全不同的。几乎所有的佯谬都是使用了两种观察角度而产生的。首先，一个参照系中的长度收缩必须和另一个参照系中的时间膨胀进行平衡。如果我们忘了平衡这种空间和时间的不合，就会产生佯谬。其次，如果我们最后忘了将两个参照系合在一起，也会产生佯谬。对于到底谁更年轻、哪个更短这样的问题，最终的解答只有在空间和时间上把两者集合到一起进行对比。在将他们集中到一起之前，那么就存在任何一个都可能比另一个更年轻、更短的可能，这在牛顿物理学体系中是不可能的。

［19］"There once was a young lady named Bright..."：试图以超过光速的速度运动来打破时间障碍回到历史是不可能的。随着我们越来越接近光速，自身的质量会接近无限大，我们会被压缩，直到几乎无限薄，时间也几乎停滞。因此，光速是宇宙中的极限速度。不过，我会探讨实现时间旅行的另外的可能性。这将在后面讨论虫洞和爱因斯坦-罗森桥中涉及。

［20］"mathematical physicists are unanimous..."：Sugimoto，p. 44.

［21］"The gentlemen in Berlin are gambling on

me..." : Cropper, p. 216.

[22] "It seems that most members..." : Folsing, p. 336.

[23] "I live a very withdrawn life..." : 同上, p. 332.

[24] "She is all love for her great husband,..." : Brian, p. 151.

第4章 广义相对论和"一生中最幸福的思考"

[1] "As an older friend, I must advise you..." : Pais, *Subtle Is the Lord*, p. 239.

[2] "I was sitting in a chair in the patent office..." : 同上, p. 179; Folsing, p. 303.

[3] "Do not Bodies act upon light at a Distance,..." : Folsing, p. 435.

[4] "When a blind beetle crawls over the surface..." : Calaprice, p. 9.

[5] "Grossman, you must help me or else..." : Pais, *Subtle Is the Lord*, p. 212.

[6] "Never in my life have I tormented myself..." : Folsing, p. 315.

[7] "Do not worry about your difficulties in mathematics;..." : Calaprice, p. 252.

[8] Mach's principle：确切地说，马赫原理是说某物体的惯性，即其质量，取决于宇宙中的其他物质的存在。马赫重新表述了远至牛顿所做的观察，说一桶水，水面如果旋转，就会被压缩（这是由于向心力

的作用）。旋转越快，表面压缩就越厉害。如果运动是相对的，包括旋转，那么我们可以认为桶是静止的，所有的遥远的星球都绕它运转。因此，马赫推论道，是由于遥远星球的旋转导致了静止的桶里的水面受到压缩。因此，遥远星球的存在决定了桶里的水的性质，包括其质量。爱因斯坦修改了这一定律，认为引力场是由宇宙中物质的分布所决定的。

[9] "If everything fails, I'll pay for the thing...": Folsing, p. 320.

[10] Einstein had dropped the Ricci curvature...: 广义协变原理意味着随着坐标的变化，方程式形式保持不变（现在这称作"度规变换"）。1912 年时爱因斯坦还没有意识到这意味着它预言了自己的理论会在坐标变化后保持不变。因此，1912 年，他发现他的理论对太阳周围的引力场给出了无限多的解。但是 3 年后，他突然意识到所有这些解描述的都是同一个物理系统，即太阳。因此，里奇曲率是一个被完美定义的数学对象，根据马赫原理，可以独一无二地描述出某个恒星周围的引力场。

[11] "For some days, I was beyond myself with excitement...": Folsing, p. 374.

[12] "Imagine my joy over the practicability...": 同上，p. 373.

[13] "Hardly anyone who has truly under-stood...": 同上，p. 372.

[14] "Russian hordes allied with Mongols and Ne-

groes unleashed against the white race": Brian, p. 89.

[15] "The German Army...": Sugimoto, p. 51.

[16] "Unbelievable what Europe has unleashed in its folly.": Folsing, p. 343.

[17] The war and the great mental effort necessary...: 第一次世界大战带来的混乱几乎导致柏林大学关闭。当时学生控制了学校的操场，扣押了校长等人。教职员工立即请爱因斯坦来帮助谈判，以求使其得到释放。爱因斯坦于是请物理学家马克斯·玻恩帮忙一起冒险去和学生谈判。玻恩后来写道：他们穿过"巴伐利亚区，大街上都是戴着红袖章的面目凶狠的学生……爱因斯坦虽然可能不'红'，却是出名的左派，因此是去和学生谈判的理想人选"（布赖恩，p. 97）。学生认出了爱因斯坦，然后向他提出了要求。他们答应如果新当选的总统弗里德里希·埃伯特答应释放扣押的犯人，他们就释放校长等人。爱因斯坦和玻恩又去了德国总统府，去向总统请求，结果总统答应了授权释放犯人。玻恩事后回忆道："我们兴高采烈地离开了总统府，感觉到自己参与了历史性的事件，希望这次普鲁士人的傲慢终于结束了，和年轻的德国贵族容克们，以及军队的事儿都了结了，现在德国的民主获得了胜利。"爱因斯坦和玻恩这两位理论物理学家，本来感兴趣的是原子和宇宙的奥秘，可这次他俩显然发现了他们的才智还能用在政治上：拯救他们的大学。

第5章 新哥白尼的诞生

[1] "Dear Mother—Good news today..."： Sugimoto，p. 57.

[2] "If he had really understood..."： Calaprice，p. 97.

[3] "There was an atmosphere of tense interest..."： Parker，p. 124.

[4] "After careful study of the plates..."： 同上.

[5] "one of the greatest achievements in the history of human thought..."： Clark，p. 290；Parker，p. 124.

[6] "There's a rumor..."： Parker，p. 126.

[7] "Don't be modest Eddington..."： 同上.

[8] "Revolution in Science—New Theory of the Universe—..."： Folsing，p. 445.

[9] "All England is talking..."： 同上.

[10] "Today in Germany I am called a German man of science,..."： 同上，p. 451.

[11] "At present，every coachman and every waiter..."： 同上，p. 343.

[12] "Since the flood of newspaper articles..."： Cropper，p. 217.

[13] "This world is a curious madhouse..."： 同上，p. 217.

[14] "I feel now something like a whore..."： Brian，p. 106.

[15] "seem to have been seized with something like

intellectual panic. . . ":同上，p. 102.

[16] "The supposed astronomical proofs. . . ":同上，p. 101.

[17] "I have read various articles on the fourth dimension, . . . ":同上，p. 102.

[18] "cross-eyed physics. . . utterly mad. . . ":同上，p. 103.

[19] "A new scientific truth does not as a rule prevail. . . ": Folsing, p. 199.

[20] "Great spirits have always encountered violent opposition. . . ": Pais, *Einstein Lived Here*, p. 219.

[21] "could have been predicted from the start—. . . ": Sugimoto, p. 66.

[22] "we should not drive away such a man. . . ": Brian, p. 113.

[23] He had finally rediscovered his Jewish roots. . . :有必要指出，犹太复国运动人士经常担心爱因斯坦这个口无遮拦，心里有什么嘴上就说什么的人，会冒出他们不喜欢听的话。比如，爱因斯坦有一次想到犹太人的祖国应该设在秘鲁，强调如果把犹太人的国家建在那里，就不会强制任何人迁移。他经常表示犹太人和阿拉伯人的友谊是在中东成功建立犹太国家的重要因素。他有一次写道："我希望能见到就共同生活在和平之中和阿拉伯人达成协议，而不是就建立犹太国家。"（Calaprice，p. 135）

[24] "making me conscious of my Jewish

soul...": Brian, p. 120.

[25] "It's like the Barnum circus!": 同上, p. 121.

[26] "The ladies of New York...": Sugimoto, p. 74.

[27] "A mob of eight thousand squeezed...": Brian, p. 123.

[28] "from possibly serious injury only by strenuous efforts...": 同上, p. 130.

[29] "It was the first time in my life...": Pais, *Einstein Lived Here*, p. 154.

[30] "Not until I was in America did I discover...": Folsing, p. 505.

[31] "If your theories are sound, I understand...": Brian, p. 131.

[32] "He has become the great fashion...": Pais, *Einstein Lived Here*, p. 152.

[33] "If a German were to discover a cure for cancer...": Sugimoto, p. 63.

[34] Previously, he had even advocated killing Rathenau.: 同上, p. 64.

[35] "it was a patriotic duty to shoot...": Clark, p. 360

[36] "Once, a mentally unbalanced Russian immigrant,...": Brian, p. 150.

[37] "Life is like riding a bicycle...": 同上,

p. 146.

[38] "He spent all his time...": Brian, p. 144.

[39] By the 1920s and 1930s, Einstein had emerged as a giant...：爱因斯坦这位德国名人，经常被富有的太太女士包围。她们乐于聆听他的妙语，领略他的才智。许多人对于他所看重的事业和慈善工作都慷慨解囊。其中也有许多人经常用自己的豪华轿车接送爱因斯坦去他在卡普特的夏日度假地，或是陪他去音乐会或是募集资金的集会。不可避免的，大家要是追寻这些传闻的来源，就会发现它们主要出自其度假别馆的佣人赫塔·瓦尔朵之口。她向媒体出卖过这些故事。不过，她没有任何证据表明他有婚外情，并且承认这些女人去接爱因斯坦的时候，也会送给爱尔莎巧克力等礼物，避免她有任何的怀疑。另外，负责设计卡普特的房屋的建筑师康拉德·瓦赫斯曼观察过爱因斯坦的家庭，他说这些关系完全都是无害的。他认为这些关系"几乎毫无例外"是柏拉图式的，而且爱因斯坦从没有和这些女士做过对不起爱尔莎的事。

[40] 126 "gentle, warm, motherly,...": Cropper, p. 217.

[41] "He ate with everybody,...": Pais, *Einstein Lived Here*, p. 184.

[42] "The people applaud me...": Sugimoto, p. 122.

[43] "I could have imagined...": Brian, p. 205.

[44] "It was interesting to see them togeth-

er—..."：Calaprice，p. 336.

［45］"Is not all of philosophy as if written in honey?..."：Pais，*Subtle Is the Lord*，p. 318.

［46］"The world，considered from the physical aspect,..."：Pais，*Einstein Lived Here*，p. 186.

［47］"Morality is of the highest importance—..."：Calaprice，p. 293.

［48］"Science without religion is lame,..."：Pais，*Einstein Lived Here*，p. 122.

［49］"The most beautiful and deepest experience..."：同上，p. 119.

［50］"If something is in me which can be called religious,..."：Sugimoto，p. 113.

［51］"I'm not an atheist..."：Brian，p. 186.

第6章　大爆炸和黑洞

［1］"If the matter was evenly..."：Misner et al.，p. 756.

［2］"My husband does that..."：Croswell，p. 35.

［3］"There should be a law of Nature..."：Thorne，p. 210.

［4］"there is not much hope..."：Petters et al.，p. 7.

［5］"is of little value，but it makes the poor guy ［Mandl］happy"：同上.

第7章 统一场论和量子的挑战

[1]"They do not shake my strong feeling...": Pais, *Subtle Is the Lord*, p. 23.

[2]"It is a masterful symphony": Parker, p. 209.

[3]"no significance for physics.": Pais, *Subtle Is the Lord*, p. 343.

[4]"The idea of achieving...": 同上, p. 330.

[5]"The formal unity of your theory is startling.": 同上, p. 330.

[6]"You may be amused to hear...": Pais, *Einstein Lived Here*, p. 179.

[7]"It is not even wrong.": Cropper, p. 257.

[8]"I do not mind...": 同上.

[9]"What you said...": 同上.

[10]"Some people have very sensitive...": 同上.

[11]"The more success...": Calaprice, p. 231.

[12]"Like the dark lady who inspired Shakespeare's sonnets,...": Moore, p. 195.

[13]"This extra minus sign, argued Dirac, made possible...": 由于物质倾向于处于最低的能量状态，这意味着所有的电子都会落到负能量状态，宇宙也会坍缩。为了避免此种灾难成为可能，狄拉克假定负能量状态已经充满了物质。经过的 γ 线可能将电子从负能量状态打开，留下一个"空洞"或气泡。狄拉克预计这个空洞的行为方式会像带正电的电子，即反

物质。

[14] "The saddest chapter of modern physics...": Pais, *Inward Bound*, p. 348.

[15] "I think that this discovery of anti-matter...": 同上，p. 360

[16] "the motion of particles follows...": Folsing, p. 585.

[17] "Quantum mechanics calls for a great deal of respect...": 同上.

[18] "Heisenberg has laid a big quantum egg...": Brian, p. 156.

[19] "cobbler or employee in a gaming house": Ferris, p. 290.

[20] "Physicists were beginning to...": 爱因斯坦对于决定论和不确定性的立场的最清楚的表述如下："我是决定论者，被迫以自由意志似乎存在的状态生活，因为如果我想生活在文明社会中，就必须以负责任的方式生活。我知道，从哲学意义上讲，谋杀犯对于罪行不负责任，但是我还是乐意选择不和他一起喝茶。……我没有控制权，自然界这些神秘的腺体准备好了生命的基础。亨利·福特可能将此称作他'内心的声音'，苏格拉底则将其称作精灵：每个人都以自己的方式解释说人类的意志不是自由的……每件事都是决定了的，从起点到终点，都由我们无法控制的力量所决定了。不论是对于昆虫，还是星星，都已决定了。人类、植物或是宇宙尘埃，都随神秘的时间

而舞动，与遥远的看不见的演奏者共同吟唱。"（Brian，p. 185.）

[21] "If the last proof is sent away, then I will come. ": Cropper, p. 244.

[22] "To Bohr, this was a heavy blow..."：Folsing, p. 561.

[23] "I am convinced that this theory..."：同上，p. 591.

[24] "the greatest debate in intellectual history..."：Brian, p. 306.

[25] "I don't like it,..."：Kaku，*Hyperspace*，p. 280.

[26] "Does the moon exist..."：同上，p. 260.

[27] "I have thought a hundred times as much about the quantum problems..."：Calaprice，p. 260.

[28] "spooky action-at-a-distance"：Brian，p. 281.

[29] "I was very happy that in that paper..."：同上.

[30] "We dropped everything;..."：Folsing，p. 698.

[31] "most successful physical theory of our period"：Pais，*Einstein Lived Here*，p. 128.

第8章　战争、和平以及 $E=mc^2$

[1] "This means that I am opposed to the use of force..."：Cropper，p. 226.

[2] "The purpose of this publication is to op-

pose..."：Sugimoto, p. 127.

[3]"Turn around, you will never see it again."：Pais, *Einstein Lived Here*, p. 190.

[4]"Under today's conditions, if I were a Belgian,..."：Folsing, p. 675.

[5]"The antimilitarists are falling on me..."：同上.

[6]"I had hoped to convince him..."：Cropper, p. 271.

[7]"People say that I get attacks of nervous weakness,..."：Brian, p. 247.

[8]"I failed to make myself understood..."：Cropper, p. 271.

[9]"He could have been seriously hurt by this ferocious beating,..."：Moore, p. 265.

[10]"Princeton is a wonderful little spot..."：Cropper, p. 226.

[11]"large wastebasket... so I can throw..."：Brian, p. 251.

[12]Two Europeans, on a bet...：Parker, p. 17.

[13]"grave heredity"：Folsing, p. 672.

[14]"I have seen it coming,..."：同上.

[15]"utterly ashen and shaken"：Brian, p. 297.

[16]"severed the strongest tie he had..."：同上.

[17]"I have got used extremely well..."：Fols-

ing, p. 699.

[18] "It might be possible, and it is not even improbable,..." : 同上, p. 707.

[19] "All bombardments since..." : 同上, p. 708.

[20] "Assuming that it were possible to effect..." : 同上.

[21] "as firing at birds in the dark,..." : 同上, p. 709.

[22] "the rays released... are in turn..." : 同上, p. 708.

[23] "the country that exploits it first..." : 同上, p. 712.

[24] "anyone who expects a source of power..." : Pais, *Inward Bound*, p. 436.

[25] "Oh, what fools we all have been!" Cropper, p. 340.

[26] "do not justify the assumption..." : Folsing, p. 710.

[27] "Some recent work by E. Fermi and L. Szilard,..." : 同上, p. 712.

[28] "This requires action" : 同上.

[29] "I will have nothing..." : Cropper, p. 342.

[30] "I would rather walk naked..." : 同上.

[31] "I wish very much that I could place..." : Folsing, p. 714.

［32］"In view of his radical background,..."：同上.

［33］"由于受到冷落，他情绪很不好……"：同上，p. 715.

［34］"said a new kind of bomb has been dropped on Japan..."：Brian，p. 344.

［35］In 1946，Einstein made the cover...：1948年，他帮助起草了《致知识分子的宣言》，其中说道："人类尚未能成功地建立起能够保证全世界所有国家和平共处的政治和经济形式。我们这些科学家的悲剧性的目标一直是在帮助开发更可怕更有效的灭绝人类的方法，必须考虑将使用我们的所有力量阻止此类武器投入使用作为唯一的、高于一切的目标。除此之外，还有什么任务对于我们来说会更重要呢？还有什么社会目标更能贴近我们的心？"　　（Sugimoto，p. 153.）

在谈到万国政府时，他明确地阐述了自己的观点："人类的唯一拯救途径……在于创建万国政府，由多个国家以法律为基础创造出和平……只要主权国家继续保持独立的军备和军备机密，新的世界大战就不可避免。"（Folsing，p. 721.）

［36］"You are after big game..."：Brian，p. 350.

［37］"I believe I am right..."：同上，p. 359.

［38］"Mathematical patterns like those of the painters or the poets..."：Weinberg，p. 153.

[39] "I have become a lonely old fellow. . . ": Brian, p. 331.

[40] "I must seem like an ostrich. . . ": Pais, *Subtle Is the Lord*, p. 465.

[41] "I am generally regarded as a sort of petrified object. . . ": 同上, p. 162.

[42] "Oppenheimer made fun. . . ": Brian, p. 377.

[43] "This is not a jubilee book for me, . . . ": Cropper, p. 223.

[44] "Anything really new is invented. . . ": 同上.

[45] "Nature shows us only. . . ": Calaprice, p. 232.

[46] "Subtle is the Lord, . . . " 同上, p. 241.

[47] "I have second thoughts. . . ": 同上.

[48] "From 1954 to the end of his life, . . . ": Pais, *Inward Bound*, p. 585.

[49] "We in the back. . . ": Kaku, *Beyond Einstein*, p. 11.

[50] "It was an uncanny encounter of two giants. . . ": Cropper, p. 252.

[51] "What I admired most about Michele was the fact. . . ": Overbye, p. 377.

[52] "It is tasteless to prolong life artificially. . . ": Calaprice, p. 63.

第9章 爱因斯坦预言性的遗产

［1］ "The very study of the external world...": Crease and Mann, p. 67.

［2］ "Science cannot solve the ultimate mystery...": Barrow, p. 378.

［3］ This would be the acid test...: 更确切地说，贝尔建议重新检验 EPR 实验。原则上，我们能够对一对电子的轴偏振造成的偏角进行测量。通过细致地分析两个电子不同偏振的相互关系，贝尔就能够实现一种不等式，称作"贝尔不等式"，用来描述这种偏角。如果量子力学是正确的，那么会满足一组关系。如果量子力学是错误的，那么就会满足另一组关系。每次进行这样的实验，量子力学的预言都被证明是正确的。

［4］ "I think I can safely say...": Barrow, p. 144.

［5］ "At first sight, it looked artificial...": Petters et al., p. 155; *New York Times*, March 31, 1998.

［6］ "It's a bulls-eye!": *New York Times*, Ibid.

［7］ "We cannot send a time traveler...": Hawking et al., p. 85.

［8］ "String theory has provided our first plausible candidate...": Weinberg, p. 212.

［9］ "The Nobel Prize in Physics...": Kaku, *Beyond Einstein*, p. 67.

〔10〕"If I had known..."：同上.

〔11〕"String theory is extremely attractive because gravity is forced upon us..."：Davies and Brown，p. 95. 另外还需指出，弦理论最新的版本称作"M 理论"。弦理论是由十维空间定义的（9 个空间维度，1 个时间维度）。不过，有五种自洽的弦理论能够以十维空间所描述，这令理论物理学家感到无所适从，因为他们想得到的是统一场论唯一的候选人，而不是五个。近来，威滕和其同事证明，如果以十一维空间（10 个空间维度，1 个时间维度）来定义，那么这五种理论其实都是等价的。在十一维空间中，高维度的膜可以存在，有人推测我们的宇宙就是这样一种膜。虽然 M 理论的引入是弦理论的重大进展，但是目前谁也不知道 M 理论应该以什么方程来表述。

〔12〕"Einstein would have been pleased with this,..."：同上，p. 150.

〔13〕"I believe that in order to make real progress..."：Pais，*Subtle Is the Lord*，p. 328.

〔14〕"The creative principle resides..."：Kaku，*Quantum Field Theory*，p. 699.

参考书目

遵照爱因斯坦遗嘱，其所有的手稿和信件都捐赠给了位于耶路撒冷的希伯来大学的爱因斯坦档案馆。普林斯顿大学和波士顿大学存有这些手稿的复制品。

The Collected Papers of Albert Einstein（vols. 1 through 5），edited by John Stachel，provides translations of this voluminous material.

Barrow，John D. *The Universe That Discovered Itself*. Oxford University Press，Oxford，2000.

Bartusiak，Marcia. *Einstein's Unfinished Symphony*. Joseph Henry Press，Washington，D. C.，2000.

Bodanis，David. $E=mc^2$. Walker，New York，2000.

Brian，Denis. *Einstein：A Life*. John Wiley and Sons，New York，1996.

Calaprice，Alice，ed. *The Expanded Quotable Einstein*. Princeton University Press，Princeton，2000.

Clark，Ronald. *Einstein：The Life and Times*. World Publishing，New York，1971.

Crease，R.，and Mann，C. C. *Second Creation*. Macmillan，New York，1986.

Cropper，William H. *Great Physicists*. Oxford University Press，New York，2001.

Croswell, Ken. *The Universe at Midnight*. Free Press, New York, 2001.

Davies, P. C. W. , and Brown, Julian, eds. *Superstrings: A Theory of Everything?* Cambridge University Press, New York, 1988.

Einstein, Albert. *Ideas and Opinions*. Random House, New York, 1954.

Einstein, Albert. *The Meaning of Relativity*. Princeton University Press, Princeton, 1953.

Einstein, Albert. *Relativity: The Special and the General Theory*. Routledge, New York, 2001.

Einstein, Albert. *The World as I See It*. Kensington, New York, 2000.

Einstein, Albert, Lorentz, H. A. , Weyl, H. , and Minkowski, H. *The Principle of Relativity*. Dover, New York, 1952.

Ferris, Timothy. *Coming of Age in the Milky Way*. Anchor Books, New York, 1988.

Flückiger, Max. *Albert Einstein in Bern*. Paul Haupt, Bern, 1972.

Folsing, Albrecht. *Albert Einstein*. Penguin Books, New York, 1997.

Frank, Philip. Einstein: *His Life and His Thoughts*. Alfred A. Knopf, New York, 1949.

French, A. P. , ed. *Einstein: A Centenary Volume*. Harvard University Press, Cambridge, 1979.

Gell-Mann, Murray. *The Quark and the Jaguar.* W. H. Freeman, San Francisco, 1994.

Goldsmith, Donald. *The Runaway Universe.* Perseus Books, Cambridge, Mass. , 2000.

Hawking, Stephen, Thorne, Kip, Novikov, Igor, Ferris, Timothy, and Lightman, Alan. *The Future of Spacetime.* W. W. Norton, New York, 2002.

Highfield, Roger, and Carter, Paul. *The Private Lives of Albert Einstein.* St. Martin's, New York, 1993.

Hoffman, Banesh, and Dukas, Helen. *Albert Einstein, Creator and Rebel.* Penguin, New York, 1973.

Kaku, Michio. *Beyond Einstein.* Anchor Books, New York, 1995.

Kaku, Michio. *Hyperspace.* Anchor Books, New York, 1994.

Kaku, Michio. *Quantum Field Theory.* Oxford University Press, New York, 1993.

Kragh, Helge. *Quantum Generations.* Princeton University Press, Princeton, 1999.

Miller, Arthur I. *Einstein, Picasso.* Perseus Books, New York, 2001.

Misner, C. W. , Thorne, K. S. , and Wheller, J. A. *Gravitation.* W. H. Freeman, San Francisco, 1973.

Moore, Walter. *Schrödinger, Life and Thought.*

Cambridge University Press, Cambridge, 1989.

Overbye, Dennis. *Einstein in Love: A Scientific Romance*. Viking, New York, 2000.

Pais, Abraham. *Einstein Lived Here: Essays for the Layman*. Oxford University Press, New York, 1994.

Pais, Abraham. *Inward Bound: Of Matter and Forces in the Physical World*. Oxford University Press, New York, 1986.

Pais, Abraham. *Subtle Is the Lord —: The Science and the Life of Albert Einstein*. Oxford University Press, New York, 1982.

Parker, Barry. *Einstein's Brainchild: Relativity Made Relatively Easy*. Prometheus Books, Amherst, N. Y. , 2000.

Petters, A. O. , Levine, H. , and Wambganss, J. *Singularity Theory and Gravitational Lensing*. Birkhauser, Boston, 2001.

Sayen, Jamie. *Einstein in America*. Crown Books, New York, 1985.

Schilpp, Paul. *Albert Einstein: Philosopher-Scientist*. Tudor, New York, 1951.

Seelig, Carl. *Albert Einstein*. Staples Press, London, 1956.

Silk, Joseph. *The Big Bang*. W. H. Freeman, San Francisco, 2001.

Stachel, John, ed. *The Collected Papers of Albert Einstein*, vols. 1 and 2. Princeton University Press, Princeton, 1989.

Stachel, John, ed. *Einstein's Miraculous Year*. Princeton University Press, Princeton, 1998.

Sugimoto, Kenji. *Albert Einstein: A Photographic Biography*. Schocken Books, New York, 1989.

Thorne, Kip S. *Black Holes and Time Warps: Einstein's Outrageous Legacy*. W. W. Norton, New York, 1994.

Trefil, James S. *The Moment of Creation*. Collier Books, New York, 1983.

Weinberg, Steven. *Dreams of a Final Theory*. Pantheon Books, New York, 1992.

Zackheim, Michele. *Einstein's Daughter*. Riverhead Books, New York, 1999.

Zee, A. *Einstein's Universe: Gravity at Work and Play*. Oxford University Press, New York, 1989.

译后记

　　许多院校英语专业使用的《高级英语》第 2 册课本选了一篇文章，作者是阿西莫夫（Asimov），介绍了狭义相对论。我上学时，照例这篇文章老师是不讲的，理由是相对论太难了，不是常人能懂的东西；而且，在我上学前老早，作为惯例，此文也是不讲的，理由同上。后来，记得该教材修订的时候，将此文章去除了，理由可能也同上。

　　可惜了阿西莫夫的这篇好文字，也可惜了诸位英语专业的学子中某些脑筋尚未完全"文科化"的人，无缘借助阿西莫夫的文字，领略爱因斯坦的相对论这一人类大脑思维的最高成就。我就不信邪，当时把阿西莫夫的文章读了一下，也没发现有什么艰深之处——本来嘛，人家写的就是科普文章，是给对科学尚存点兴趣的文科脑袋看的。当然，当时到底理解到了哪一步，自己也不记得了。

　　没想到，时隔我啃读阿西莫夫十几年后，加来道雄再次使我有缘温故人类思想的这一明珠。我是文科出身，但对科学一直怀有浓厚的兴趣。讲课的时候我常会告诫我的英语专业的学生：不要让自己的脑子彻底"文科化"了，最好多读一些科学方面的书。当然，这话其实是我自己的自勉之辞。在此，我要感谢加来道雄，他以流畅清晰的文笔，使我有机会领略相对论的神奇，领略人类思维的神奇。

相对论难吗？无疑是难的。加来道雄的书中就举了这么一则趣事：一个科学家曾问英国科学家爱丁顿："有传闻说全世界只有三个人理解爱因斯坦的理论。您肯定是其中之一。"爱丁顿听后一言不发。于是那位科学家说："不要过谦。"爱丁顿耸了耸肩，说道："我不是过谦。我是在想那第三个人会是谁。"

相对论难吗？也不尽然。有些物理学家会告诉你（如本书的作者加来道雄），相对论的基本原理，其实初高中水平的人就应该能基本领略。相对论之难，难在爱因斯坦能够用数学的方式，严密地演绎推理出这一宏大的物理学巨构。相似的现象其他的物理学家在观察后可能也曾深思过，但他们或是无法排除常识的干扰，触及现象的本质；或是无力以严密的逻辑证明自己的认识。爱因斯坦的高明之处，就在于其纯用思维的力量来描写宇宙的规则。

亲近一下爱因斯坦吧，亲近一下这位本来在生活中也就从不高高在上的人。当然，我说的亲近，主要还是多去了解一下他的思维，而不是一般人阅读名人传记时所期待、所热衷的名人轶事。对于这一目的，本书即提供了极好的出发点。加来道雄没有在爱因斯坦的生平上作过多叙述，而是摘取了爱因斯坦思维的三个图景，为我们讲述了他思维发展的三个阶段。其中前两幅图景是清晰的：（1）与光速赛跑；（2）弯曲的时空。而最后一幅图景，是爱因斯坦苦苦思索等待了一生所未曾看到的，即指导其实现统一场论这一人类思维的最高成就的图景。

这里，我想引述本书原作者的话来结束："也许本书的某个年轻的读者会受到对统一论的追求的激励，去完成这一大业。"

译者
2006 年 2 月

图书在版编目（CIP）数据

周读书系 . 爱因斯坦的宇宙 /（美）加来道雄著；徐彬译 . —长沙：湖南科学技术出版社，2016.1
（周读书系）
书名原文：Einstein's Cosmos: How Albert Einstein's Vision Transformed Our Understanding of Space and Time
ISBN 978-7-5357-8774-3

Ⅰ . ①爱… Ⅱ . ①加…②徐… Ⅲ . ①相对论—普及读物 Ⅳ . ① O412.1-49
中国版本图书馆 CIP 数据核字（2015）第 187580 号

Einstein's Cosmos
Copyright © 2004 by Michio Kaku
湖南科学技术出版社通过博达著作权代理有限公司独家获得本书简体中文版中国大陆地区出版发行权。
著作权合同登记号：18-2005-056

卐 周读书系

爱因斯坦的宇宙

著　　者：〔美〕加来道雄

译　　者：徐　彬

出 版 人：张旭东

丛书策划：朱建纲

责任编辑：吴　炜　贾平静

整体设计：萧睿子

出版发行：湖南科学技术出版社
社　　址：长沙市湘雅路 276 号
　　　　　http://www.hnstp.com
邮购联系：本社直销科 0731-84375808
印　　刷：长沙鸿发印务实业有限公司
　　　　　（印装质量问题请直接与本厂联系）
厂　　址：长沙县黄花镇印刷工业园3号
邮　　编：410137
出版日期：2016 年 1 月第 1 版第 2 次
开　　本：787mm×930mm 1/32
印　　张：8
书　　号：ISBN 978-7-5357-8774-3
定　　价：28.00 元

（版权所有·翻印必究）